황소걸음
도서목록

모든 생명이 더불어 행복하게 사는 세상을 향하여
느리지만 꾸준히 가고자 합니다.

생태탐사의 길잡이
주머니 속 도감시리즈

주머니 속 곤충도감 | 손상봉 | 20,000원 | 453종

주머니 속 애벌레 도감 | 손재천 | 25,000원 | 397종

주머니 속 풀꽃도감 | 이영득,정현도 | 25,000원 | 890종

주머니 속 새도감 | 강창완, 김은미 | 20,000원 | 401종

주머니 속 양서·파충류 도감 | 손상호, 이용욱 | 10,000원 | 42종

주머니 속 나비 도감 | 백유현 外 2인 | 15,000원 | 190종

주머니 속 민물고기 도감 | 윤순태 | 13,000원 | 117종

주머니 속 거미 도감 | 이영보 | 12,000원 | 142종

주머니 속 나물 도감 | 이영득 | 20,000원 | 312종

주머니 속 딱정벌레 도감 | 손상봉 | 20,000원 | 440종

주머니 속 나무 도감 | 최호,임효인 | 22,000원 | 551종

주머니 속 메뚜기 도감 | 김태우 | 13,000원 | 184종

엄마 의사 야옹선생의 ： 근거 중심 자연주의 육아

초록 처방전

엄마 의사 야옹선생의

초록 처방전

펴낸날 2017년 5월 25일 초판 1쇄

지은이 박지영

만들어 펴낸이 정우진 강진영 김지영

꾸민이 Moon&Park(dacida@hanmail.net)

펴낸곳 121-856 서울 마포구 토정로 222 한국출판콘텐츠센터 420호

편집부 (02) 3272-8863

영업부 (02) 3272-8865

팩 스 (02) 717-7725

이메일 bullsbook@hanmail.net / bullsbook@naver.com

등 록 제22-243호(2000년 9월 18일)

황소걸음
Slow&Steady

ISBN 978-11-86821-11-4 03590

© 박지영 2017

- 이 도서의 국립중앙도서관 출판시도서목록(CIP)은 서지정보유통지원시스템 홈페이지(http://seoji.nl.go.kr)와
  국가자료공동목록시스템(http://www.nl.go.kr/kolisnet)에서 이용하실 수 있습니다. (CIP 제어번호 : CIP2017010672)
- 잘못된 책은 바꿔드립니다. 값은 뒤표지에 있습니다.

엄마 의사 야옹선생의 : 근거 중심 자연주의 육아
초록 처방전

부록 : 면역 이야기

박지영 글과 그림

황소걸음
Slow&Steady

자연주의 육아와 현대 의학의 만남

우선 이 책에 대한 오해가 없어야 할 것 같다.

첫째, 이 책의 부제가 자연주의 육아라고 해서 '백신은 맞지 않아도 된다'거나 '백신이 자폐증의 원인'이라는 주장을 하는 책이라고 오해하면 곤란하다. 오히려 이 책은 백신이 왜 필요한지, 백신 반대론이 왜 근거 없는 논리인지 설명한다.

둘째, 이 책은 '항생제나 약은 무조건 먹지 않을수록 좋다'고 주장하지 않는다. 항생제나 약이 아무 때나 좋다는 주장은 더더욱 아니다.

셋째, 이 책에서 자연주의 육아의 필요성에 대한 철학은 찾아보기 힘들다. 우주와 신체에 대한 지은이의 철학이나, 자연주의 육아가 왜 아이들에게 좋은지 '철학적이고 심오한' 설교는 기대하지 마시라.

따라서 현대 의료의 혜택이나 장점을 몽땅 거부하는 '자연주의' 육아 책이나 자연주의 육아에 대한 철학 책을 원하는 분이라면 이 책이 매우 실망스러울 수 있다는 점, 미리 경고(?)드린다.

사실 《엄마 의사 야옹선생의 초록 처방전》은 아이들을 가능하면 자연주의적으로 키우되, 현대 의료의 과학적인 장점을 꼭 필요한 만큼 누리면 좋겠다는 매우 '이기적인' 아빠와 엄마들을 위한 책이다. 그야말로 '현실적인 자연주의 육아'를 위한 실용적 지침서인 셈이다. 아이들의 병치레를 지나치게 의료와 약으로 대응하는 현실에 분명히 거부하지만, 무조건 거부하지 않고 의학적 근거에 따라 거부한다. 가정의학과 의사이자 엄마인 지은이가 의료를 아이들에게 꼭 필요한 만큼 제공하는 방법을 고민한 문제 대응 매뉴얼이다.

그러다 보니 이 책은 엄마 아빠들이 아이들을 키우면서 맞닥뜨리는 흔한 병치레나 건강 문제를 거의 모두 다루는 실수를 범하고 있다. '자고 놀고 먹고 싸는' 아이들의 일상에서 어느 것이 정상인지 아닌지, 예방접종 할 때, 열날 때, 배 아플 때, 설사할 때, 발진이 있을 때, 심지어 잠을 자지 않을 때처럼 수많은 문제에 대한 증상별 처방까지 욕심을 냈다. 어린이들에게 많이 처방되는 약을 어떻게 볼까 하는 점은 물론, 응급 심폐소생술이나 하임리히법까지 다뤘으니 더 말해서 무엇 하랴. 어느 때 꼭 병원에 데려가야 한다는 '붉은 깃발' 사인을 친절하게 가르쳐준다. 그것도 만화로 말이다. 당연히 책이 두껍다.

이런 지은이의 욕심 때문에 이 책은 상비약처럼 집에 한 권쯤 꽂아두거나, 아이들과 함께 방바닥에 굴러다니도록 두어도 좋은 책이 되었다. 내가 추천사를 쓴 이유가 여기에 있다. 이 추천사는 지은이와 내가 건강문제를 단지 의료 문제로 좁게 보지 말자는 '연구공동체 건강과 대안'에 회원으로 있기 때문에 쓴 것이 아니다. 추천사를 쓰면 책 몇 권은 얻을 수 있을 테고, 그러면 아이를 키우는 주변에 이 책을 나눠줄 수 있겠다는 개인적 욕심이 이 추천사를 쓴 또 다른 이유다. 아이를 키우는 집이라면 이 책은 요긴하고 쓸 만하다.

우석균
_연구공동체 건강과 대안 부대표, 인도주의실천의사협의회 대표, 가정의학과 의사

차례

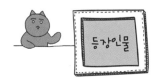

등장인물

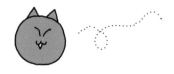

야옹선생
일이삼 남매의 엄마.
수다쟁이 설명충.
느긋한 성격이지만 걸리면
좀 피곤한 스타일임.

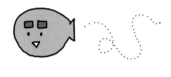

가자미선생
일이삼 남매의 아빠.
꼼꼼하지만 귀차니스트.
아이들과 게임 할 생각에
빨리 크길 고대 중.

일동이
만 8세. 알레르기 비염과
아토피가 있다.
오래 사는 것과 과학자가
되는 것이 꿈인 장난꾸러기.

이동이
만 3세. 아토피가 있음.
평소엔 순해 보이지만
한번 울기 시작하면 온 집이
헬게이트. 형아바라기.

삼순이
만 15개월.
온 가족(이둥이 제외)의 귀염둥이.
오빠 꺼(무엇이든 오빠가 갖고 있는 것)를
가장 좋아함.

쌈닥 선생
일명 꼬꼬샘. 일이삼 남매의
주치의. 부모에게는 엄격하나
아이들에겐 다정하다.

달래
알콩이 엄마이자 야옹선생의
사촌동생이자 이웃.
육아 스트레스 해소를 위해
야옹선생네 집에 자주 오간다.

알콩이
만 6개월. 씩씩하고 잘 운다.
잠을 잘 안 자 엄마를 종종
힘들게 한다.

안녕하세요~
야옹선생입니다.

꾸벅

공손
공손

아이를 키울 때 가장
힘든 것은 아이가 아플
때가 아닐까 싶어요.

그죠?

야옹선생도 마찬가지였어요.
아픈 아이를 부둥켜안고 지새운
날이 며칠이었는지…

그래도 세 아이와
밤낮을 부대끼며
쌓은 경험과 의사로서
가진 정보 덕에 조금은
수월한 육아를 하는 것
같아요.

주변 초보 엄마 아빠들과 병원에 오시는 부모님들에게 육아 상담도 많이 했죠.

감기에 걸렸을 때 약을 빨리 먹이지 않아서 심해지면 어쩌나?

콧물 마지따

헤헤

밤에 열이 나면 당장 병원에 가야 하는지?

각종 영양제나 건강 보조 식품을 꼭 먹어야 하나?

이거 다 먹어야 됨?

홍삼

사실 이런 질문들 속에 가장 크게 자리 잡은 건 부모의 불안이죠.

불안하니까 자꾸 약을 먹이고
불안하니까 검사도 하고 싶고…

약 먹장~

시져 시져~

냥냥냥~

그리하여
야옹선생은 그런 불안을
덜어줄 방법을 찾았습니다!

이름 하야~ **근자육**

끼룩끼룩~

근거 중심
자연쭈의
육아

철썩

14

근거 중심이란
무엇인가?

한두 명의 경험이 아닌
많은 사람들을 대상으로,
그리고 가능하면 무작위로
대조군과 비교하여 실험한
다수의 연구 논문을
참조했습니다.

자연주의란
무엇인가?

지금 옳다고 생각되는 치료법도
미래에는 잘못된 방법으로
밝혀질 수 있죠. 그래서
야옹선생은 약이나 검사를
최소화하는 방법을 선호해요.

이렇게 항생제를 포함한 각종 약물과 검사가 줄면 지구 환경도 약간은 나아지지 않을까요?

근거중심 정보제공 → 불안감 해소

지구 환경보호 ← 건강

약 남용 검사 남용 감소

요런 선순환을 이루는 것이 바로 근자육의 목표랍니다.

사실 시중에 육아에 관련된 수많은 책과 자료들이 있죠.

개중엔 방대하고 자세한 지식이 들어 있는 책들도 많아요.

이 책에선 아이를 돌볼 때 기본적으로 필요한 태도와 철학을 이야기하고 싶어요.

태도

철학

그리고 평소에 쉽고 재미있게 읽고, 필요할 때 즉각 적용할 수 있는 육아 가이드북이 되면 좋겠어요.

깔깔깔

냥~

물론 부족한 실력 때문에 전달이 잘될지 걱정도 많이 돼요…

이 책이 불안한 엄마 아빠들에게 초-쿰이라도 위안이 되길 바라며-

이만 아디오스~

훗-

봄바람 휘날리며↗ 흩날리는 벚꽃 잎이↗

~♪♬

씰룩-

씰룩-

우리 은하계의 모든
엄마 아빠를 응원합니다!

이 책은 평소 건강한
6개월 이상 된 아이를
대상으로 썼습니다.
6개월 미만의 아기나
주요 기저 질환(심장·폐·신경계 질환 등)이
있는 아이의 경우
꼭 주치의와 상의하세요.

－야옹선생 올림－

자연주의
유아를 위한
기초 상식

지켜보기 치료법

엄마의 불안 + 아이의 콧물 = ?

성급한 아빠 + 열나는 딸 = ??

바쁜 의사＋정보 부족 부모 ＝ ？？？

우리나라는 병원에 가면
일단 '처방전'이라는 종이를
받아들고 나오죠.

그렇지만 약 처방은 치료의
일부분일 뿐!

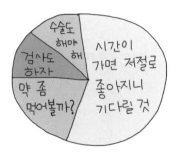

여러 치료 방법 중 어떤 것을 선택할지 결정하는 것은 의사의 중요한 역할이죠.

의사들이 환자를 진찰한 후 이렇게 말하는 경우가 있죠.

일단 좀 더 지켜봅시다!

'지켜보자'는 것은 엄연한 치료와 진단 행위예요. [REF 1~2]

맥주도 마음껏 못 먹냐 촤-

킁-

컵 마이 아이즈 온유!

지켜보고 있다잉-

지켜보기 치료법은 영어로 [REF 3]
Watchful Waiting 이라고 해요.
시간을 두고 지켜보면

① 저절로 증상이 좋아지기도 하고
   (치료적 기다림)

② 증상이 뚜렷해지고 없던 증상이
   생기기도 해요.
   (진단적 기다림)

저기
근데 —

그냥 지켜보다
병을 키우면
어떡하나요?

불쑥 —

그 질문에 답하려면
'자연 경과'라는
개념을 먼저
얘기해야겠네요.

'자연 경과'란 어떤 질병이
시작될 때부터 완전히 끝날 때까지
일어나는 증상이나 징후의 변화
과정을 뜻해요.[REF 4]

Natural Course

혹은

Natural History

라고 하죠.

가벼운 감기나 장염 등
바이러스성 질환은
자연 경과가 첫 2-3일간
심해지다 회복되는 것이
대부분이에요.[REF 5]

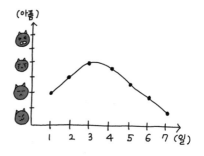

(아픔)

1 2 3 4 5 6 7 (일)

평소 건강한 아이라면
약을 안 먹어도
자연 경과에 따라
저절로 회복이 되어요.

그렇지만 병원에 가면 당연히
처방전을 받아야 한다는 인식 때문에
불필요한 약 처방이 늘고 있어요.[REF 6~9]

그런데 지켜보기 치료법에도
방법이 있어요.

잘 자는지?

잘 노는지?

잘 먹는지?

그리고 잘 싸는지?

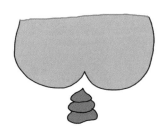

합빠빠― 자고 놀고 먹고 싸고!

이름 하야 '자놀먹싸'

사실 이 '자놀먹싸'가 괜찮으면
지켜보기 치료가 답이에요.

그런데
괜찮다는 기준이
뭔지 궁금하시죠?

그럴 땐
'자놀먹싸 점수'를
계산해보세요.

0점	1점	2점	3점 [REF 10~13]
① 잘 잠	가끔 깸	거의 못 잠	전혀 못 잠
② 잘 놈	거의 잘 놈	종종 보챔 혹은 기운 없음	계속 보챔 혹은 늘어짐
③ 잘 먹음	평소의 반 이상	평소의 반 이하	전혀 못 먹음
④ 잘 쌈	설사	소변 색 진해짐	4시간 이상 소변 없음
⑤ 걱정 안 됨	약간 불안	불안해서 미치겠음	

위의 5가지 질문에 점수가
5점 이상이면 바로 진료를 보세요.
이 점수표는 야옹선생의 진료와
육아 경험에 의존해 만든 것이라
근거는 부족하지만, 판단에 도움이
되리라 생각해요.

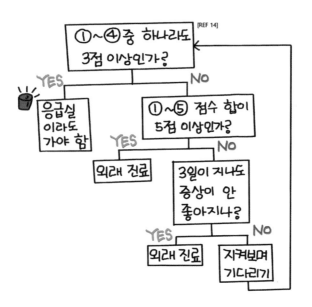

[REF 14]

위의 플로 차트를
활용해서 그때 그때
상황에 따라
판단해 보세요.

지켜보기 치료는
의사만 노력해도
안 되고

환자와 보호자만
노력해도 안 되는 것

진정한 상호 신뢰와
노력이 필요하답니다!

짝!   짝!

자, 지금부터
잘 지켜보는지
지켜봅니다잉~

머고 알콩이~
엄마가 안아줄 땐
그렇게 울드만

오잉?
잠들었네?
엄청 졸렸나
보네~

코오-
쿠오-

잉

언니야 - 언니야는
우짜 셋을 낳을 생각을
했노?

그르게 말이다.
나도 내가
놀랍다. 사실...

언니야~
내는 애기 키우는 걸
너무 쉽게 생각한 거
같데이.

그냥 낳아놓으면
쑥쑥 크는 줄···

크크크
이제
아셨세요?

이제 예방접종도 해야 하는데 아는 거는 엄꼬 걱정은 많고…

그 쪼매난 아한테 주사를 몇 대나 맞히는 기 영~ 마음에 걸린다.

단감 먹을려? 걱정되는 게 당연하지~

카더라~ 카더라~ 카더라~

예방접종을 꼭 해야 되나? 엄마들 까페 보면 부작용도 많고 효과도 없는거 아니냐고…

그려? 그럼 예방접종도 공부를 해볼 텨?

그라모 알콩이 깨기 전까지만 얘기 들을게. 대신 너무 길면 가삐데이~

알았어- 알았어- 두 번에 정리해줄게.

보자 보자 •••

예방접종의 종류나 스케줄은 검색하면 다 나오니까 ••• 예방접종에 대해 걱정되거나 궁금한 점을 얘기해볼래?

어데 보자 ••• 일단 부작용이 제일 걱정이제. 그리고 효과가 진짜 있는지, 안 하면 어떻게 되는지 •••

음 ㅇㅇㅇㅇ

크크크-
차근 차근 생각해~
일단 부작용이랑 효과,
안 할 경우 어찌 되는지가
궁금한 거지?

그라고
어...

일단 효과를 얘기해볼게.
단적인 예로 1987년 미국에서
B형 헤모필루스 인플루엔자(Hib)
백신 도입 후 13년이 지난
2000년에 5세 미만 소아의 Hib
감염이 **99%**나 감소했어.
[REF 1~3]

그외에도 수많은 연구 자료에서
필수 예방접종의 효과가 입증되고 있어.

[REF 4]

〈예방접종의 효과〉

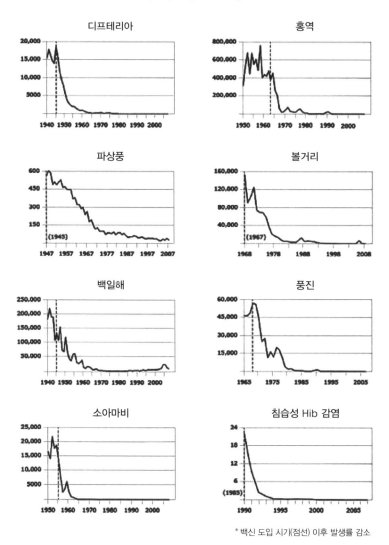

디프테리아

홍역

파상풍

볼거리

백일해

풍진

소아마비

침습성 Hib 감염

* 백신 도입 시기(점선) 이후 발생률 감소

예방접종으로 인해
질병이 줄면 항생제를
포함한 약물 사용이
줄어드는 것도 큰 효과지.

귀여운 유익균을
지킬 수 있죠.

효과가 있다고 해서
부작용이 없는 거는
아니다 아이가?
보니까 자폐가 될 수도
있다 카든데~

오~
나름 찾아
봤나 보네?

1988년 영국 의사 웨이크필드가
MMR 백신과 자폐, 만성 대장염이
관련 있다는 논문을 냈지. [REF 5]

나중에 수많은 연구에서 그의
주장이 틀렸다는 것이 증명되었고,
심지어 웨이크필드가 논문을 쓸 때
발병 시기와 백신 접종 시기를 조작했다는
의혹 등으로 인해 논문 게재가
취소되었어. [REF 6~10]

게재가
취소된 → 논문

또 2005년 일본 연구자들이 요코하마
MMR 연구를 발표했는데, 오히려 MMR
접종 중단 후에 자폐증이 더 늘어났어.

[REF 11]

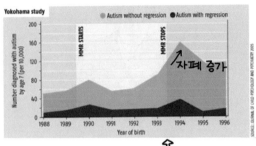

또 MMR
중단

그렇지만 그가 BBC 등 언론을
통해 조장한 백신 공포로 영국에서
MMR 거부가 늘었고, 이로 인해
1998년 56건이던 홍역이 2008년
1348건으로 24배나 폭증했지.

[REF 12]

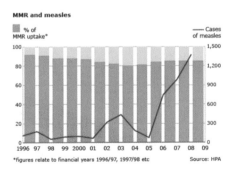

자폐증 말고 다른 부작용은? 전혀 없는 건 아니잖아.

예방접종은 부작용에 비해 효과가 훨씬 클 때 실행할 수 있어. 그외 비용이나 편의성 같은 것도 고려해야지.

언니는 예방접종이 완벽하다는 얘길 하는 게 아냐. 당연히 부작용이 있을 수 있고, 모든 부작용은 체계적으로 분석되고 연구돼야 해.

의학이 체계적인 시스템이나 과학적 방법론 안에서 이루어지지 못하면 어떻게 될까?

슬슬 지겹…

모리겠는데~

사이비 의학이 판을 치게 되지.

사이비? 사기꾼?!

헉!! 언니야 내 방금 엄청난 소리를 들은 거 같은데!?

눈이 번쩍

혹시??

의학뿐 아니라 시스템이 무너진 사회에서 가장 큰 이익을 얻는 것은 사이비나 사기꾼이고, 가장 먼저 피해를 보는 것은 약자들이지…

또 진지

언니야~ 너무 진지하니까 혼이 비정상 같데이~

캬캬

머야 머야~ 우주의 기운을 모아서 간절히 얘기한 건데~

44

사이비 의학 혹은 유사 의학은
과학적 검증이 안 된 일부의 경험을
마치 모든 사람에게 적용되는 것처럼
말하거나 …

과학이나 의학의 이름을 빌려서
아니면 말고 식의 무책임하고 방증 불가능한
주장으로 사람들을 현혹하는 것을 말해.

[REF 1]

뇌 호흡이…
체액이…

사람은 혈액형에
따라 성격이 달라요.
그리고 바이오리듬에
따라 그날의 컨디션이
결정돼요 ~

백신 공포를 조장하는
쪽의 주장도 이와 비슷한
부분이 많아. 백신의 효과를
지지하는 압도적 다수의
결과는 무시하고 일부 반대
결과만 받아들이기도 하고,

과학적 근거 없이 아니면 말고
식의 주장을 하거든. 예를 들어
백신이 정부나 제약 회사의 농간이라고
하거나, 자연적인 것은 무조건
좋다는 주장이 그런거지.

의학을 비롯한 과학은 계속
변해. 매일 수많은 새로운
사실이 밝혀지고, 이전에
옳다고 믿던 것들이
거짓으로 판명되기도
하지.

그렇게 수많은 연구들이
쌓이고 쌓여 하나의
결론으로 모이면 그것이
의학의 가이드라인이
되는 거야.

예방 접종이 100% 완벽하지
않아서 못 믿겠다는 것은 내가
못 봤으니 지구가 움직이는 것을
못 믿겠다는 말과 비슷해.

에휴-

100% 완벽한 정답만 받아들이고
얘기해야 한다면, 인간은
어떤 질문에도 답하지 못할 거야.
항상 그 순간 최선의 답만 있는
거니까.

야라임 씨
그게 최선입니까?
확실해요?

siri한테
물어봐~

2014년 미국 캘리포니아 디즈니랜드에서
홍역 환자가 120명가량 집단 발생한
적이 있어.[REF 2]

예방접종을
안 했더니…

당시 110명이 캘리포니아 주민이었는데
그중 49명이 예방접종을 안 한 상태였고,
47명이 접종 여부가 불확실한 상태였어.[REF 2]

내가 주지사 할 땐
안 그랬는데 말이지

California

나는 두 살에 백혈병이 걸렸어요. 홍역에 걸리면 죽을 수도 있어요. 그런데 예방접종도 못 해요.

Rhett Krawitt

캘리포니아 홍역 유행 당시 백혈병을 앓은 일곱 살짜리 소년이 있었는데, 이 소년은 예방주사를 맞을 수가 없었지.
면역 저하가 심한 경우엔 접종을 못 하거든.

[REF 3]

그 소년과 같은 경우 집단면역의 보호가 필요해.

그게 머야?

집단면역?

집단면역(Herd Immunity)이란
예방접종을 못 한 아이도 주변 대다수의
아이들이 접종을 해 항체를 갖고 있으면
그 질병에서 보호될 수 있는 상태를 말해.

[REF 4]

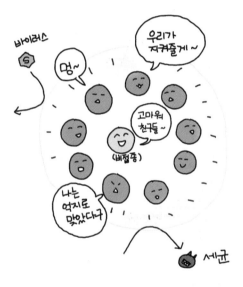

그런데 접종률이 떨어지면
이 집단면역이 유지가 안 되고, 보호가
필요한 가장 약한 아이들이 질병에
노출되지.[REF 4]

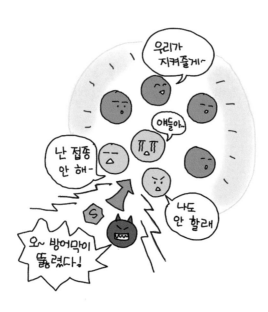

예방접종은 인류가 바이러스나 세균 질환에 대항하기 위해 만든 현존하는 가장 안전하고 효과적인 방법이야.[REF 5]

물론 이 말은 예방접종이 완벽하다는 말이 아니고, 미래에 계속 그럴거라는 말도 아니야.

솔직히 예방접종 없이 질병에
그냥 노출된다면 현재의 약자들은
대부분 사망하거나 후손을 못 남길
거고, 미래의 인류는 바이러스나
질병에 더 강해질지도 모르지.

초싸이어 야옹선생 후손

우오오-

그렇지만 우리가 추구하는 공동체가
그런 것은 아니잖아?
바로 지금 내 옆의 이웃들과
같이 행복하도록 노력하는 것…
그게 더 맞지 않을까?

그렇구나···
공동체를
위해서구나···

응응-

오~
그라믄 무인도에
혼자 살면 안 맞아도
되겠네?

그르케까지 싫다면야···

그, 그렇겠지?

캬캬캬-
농담이데이~
농담~

이럴라고
열강했나
자괴감 들고
괴로와~

변비

설사

알레르기

바야흐로 프로바이오틱스
전성시대!!

세균을 죽이는 항생제가
아닌 체내 유익균을 살리는
프로바이오틱스가 각광
받다니 반가운
일이에요.

그런데 말입니다~

샥~

무언가 심상치 않은 느낌이 드는 것은 왜일까요?

야옹선생은 장 질환 환자의 고민을 듣게 됩니다.

Q 질문자: kajami
장이 안 좋아서
프로바이오틱스
먹어볼라는데
추천 좀~
내공 드림

A 작성자: 나프로
어머! 장이 안 좋으시다구요?
○○ 제품 드셔보세요.
저는 한 달 먹고 좋아졌어용.
아래 사이트 클릭
www.○○약국.com

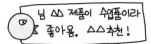

님 △△ 제품이 수입품이라 좋아용. △△추천!

균 수가 중요하다. 최소 100억 마리 이상 돼야지. XX 제품 써야지—

하하! 모르시는 말씀! 균 종류가 많아야 돼요. ✡✡ 제품을 써야 돼요.

앵그리 버드다!

이 탐욕돼지!

○○ 제품

머라고? XX

✡✡ 제품이 좋다니까요~ 하하

이렇게 수많은 제품 중 어느 것이 진짜 좋은지…

하아—

(귀차니즘을 무릅쓰고)

야옹선생은 프로바이오틱스 관련 자료들을 섭렵하기 시작했습니다.

수북 수북

급노화도 섭렵-

관련 자료들을 보던 중 중요한 몇 가지 사실을 알게 되었습니다.

우선 프로바이오틱스는 아직 연구가 진행 중이라는 사실이에요.

여러 연구에서 반복적으로
효과가 입증된 것은 다음
몇 가지에 불과해요.

① 항생제 관련 설사[REF 1~2]
   Lactobacillus rhamnosus GG (LGG)
   Saccharomyces Boulardii

② 전염성 설사 [REF 3~5]
   Lactobacillus rhamnosus GG (LGG)
   Saccharomyces Boulardii

③ 변비 [REF 6~10]
   E.coli Nissle 1917

④ 태아 알레르기 질환 예방[REF 11~17]
   Lactobacillus rhamnosus GG (LGG)

⑤ 대장 절제 후 맹낭염 [REF 18~21]
   VSL #3

그런데 말입니다.
야옹선생은 경악할 만한
사실을 알게 되었습니다.

헉(\

어떤 프로바이오틱스를 먹을지
결정하는 것보다 중요하고
치명적인 사실!!

바로 우리 주변에
만연한 항생물질입니다.

오싹—

우리 몸에는 고대부터 우리와
공생해온 유익균이 있어요. [REF 22]

있잖아…
옛날부터 니 안에
나 있다?

◁ 유익균

이 유익균은 유산처럼 엄마에서
아이에게로 이어지는데,
우리 몸을 외부 세균에서
지켜줘요. [REF 23]

항생제를 많이 사용하면
이 유익균의 다양성이 떨어지고,
질병에 쉽게 감염돼요.

2015년 미국 소아과학회지에는
6개월 미만인 아기가 항생제를
자주 복용하면 소아 비만의 위험성이
높아진다는 논문이 실렸고 [REF 24]

2016년 8월 네이처 미생물학 온라인 판에는 잦은 항생제 노출이 소아 당뇨 위험을 높일 수 있다는 논문이 올라왔어요. [REF 25]

얼마 전 조사에 의하면 우리나라 영유아 대상 항생제 처방률이 선진국의 최대 7배까지 높다고 해요. [REF 26]

영유아 시기, 특히 두 돌 전은 체내 유익균이 자리를 잡는 시기인 만큼 꼭 필요한 경우에만 항생제를 먹여야 해요.

그런데 말입니다 -
인체 사용 항생제만 문제가
아닙니다.

우리나라에서 매년 엄청난
양의 항생제가 소, 돼지, 닭
가축과 양식 어류에 지속적으로
투입되는 걸 아시나요?

그 항생제 대부분이
수의사 처방 없이 마구잡이로
쓰인다는 건 아시나요?
[REF 27~28]

대부분 공장식 축산인 우리나라
가축들은 좁은 축사에서
자라기 때문에 질병이 생기면
쉽게 퍼지죠.

그래서 농가에서는 아프지도
않은 가축들에게 대량의
항생제를 예방적으로 써요.
그리고 이 항생제의 90%는
처방 없이 임의로 쓰죠.
[REF 29]

고기만 먹을 수 있다면
그게 무슨 상관이냐구요?

동물과 인간은 완전히
분리된 존재가 아니에요. [REF 30]
우리는 약간 싼 고기를
얻기 위해 자연계에
내성을 축적하는
거라구요~!!

쾅
쾅!

우리 아이들의 미래를
위해 예방적 동물
항생제를 금지해야
합니다!!!

금지해야
돼지!

Allㅅㅗ~!

꼬꼬꼬~

꼬꼬
생?

좋은 프로바이오틱스를
찾으시나요?
수만 년 전부터 우리와
함께해온 유익균부터
지켜주세요.
바로 항생제
오남용에서 말이죠!!

사람
다 됐네~

삼순이의
뒤집기 교실

안녕하때요. 아기 여러분 ~
오늘은 언니가 뒤집기를
가르더주 꺼예요 ~

아직 목을 못 가누는
아가들은 따라 하면
안 대요. 쭉쭉 더 먹고
오쩨요 ~

깍~ 우리 삼순이 이쁜 것 좀 봐 ~
그냥 누워 있는데 이뻐 ~
어떡해! 기절하겠더!

깍~

삼순 is
언들 ((｜))

일단 매트 위에
반드디 누워주때요.
아 ~쫌 시끄러쬬?
제 뻔이에요 ~

이
이

자 이제
숨을 크게
쉬어보때요.

후 ~
하 ~

후 ~
하 ~

뒤집기 전에
손을 꼭 빼놓고 뒤집어요~

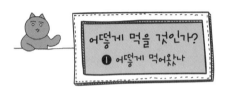

지금부터 약 4만 년 전
호모사피엔스가 등장했다. [REF 1]

밤바야~

자연 속에 그대로 내던져진 그들은
하루 종일 먹을 것을 구하기 위해
걷고 뛰어야 했다.

시원데?

메롱~

귀여운 토끼야―
잠깐만
내 얘기를
들어보렴?

헤이
라츠!!

주위를 둘러보면 바로 눈에 들어오는 가장 흔한 것은
채소, 과일, 뿌리채소 등의 각종 푸성귀.

생선이나 다른 해산물, 곤충류가
그다음으로 흔한 먹거리였다.

가끔은 사냥에 성공해서
고기를 먹기도 했다.

그렇다! 수만 년간 지속된 원시시대에는
굳이 조절하지 않아도 흔한 순서대로
많이 먹게 되어 있었다.

수만 년이 지났지만 구석기 시대나 지금이나 우리 몸은 똑같다.

인간의 몸은 그대로지만 환경은 최근 급격하게 변했다.

농업혁명과 산업혁명을 거치며 식량이 대량생산 되기 시작했다.

늘어난 식품을 소비하기 위해 화려한 광고들이 등장했다.

대량생산 되는 식품들은 지방과 단맛에 대한 인간의 본능적인
욕망을 넘치게 채워주었고, 각종 보존제와 첨가제도
덤으로 채워주었다.

원시시대엔 열량만 채워도 필요한 영양소들이
저절로 따라왔지만 지금은 그렇지 못하다.

인간의 몸은 가장 효율적으로 열량을 채우는 방법을 본능적으로 알고 있다.

[REF 2]

이전에는 생존을 위해 필수적이던
열량에 대한 욕망과 효율성이 지금은
독이 되었다.

우리 몸은 열량 과다에 노출된 기간이 얼마 되지 않아
어떻게 대응해야 하는지 본능적인 프로그램이 거의 없다.

[REF 3]

인류는 점점 비만해지고 있다. 아이들도 마찬가지다. [REF 4]

예전과 달리 가난할수록, 바쁠수록 뚱뚱해진다. [REF 5~8]

바쁜 현대사회에서 우리는 빨리 먹는 것과
앉아서 일하는 것에 익숙해졌다.

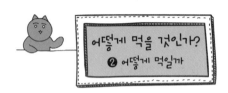
많은 사람들의 걱정과 달리
농업혁명 이전의 사람들은 상당히
건강하고 행복했다고 해요.[REF 1]

매일 신선한 과일을
따 먹고, 깨끗한 공기를
마시고, 신나게 노는 게
내 일이에요！

원시시대에도 아이들의 편식은 있었을 거예요.
다만 여건이 안 되어 충족되지 못했을 뿐…

어허- 섬유질을
충분히 섭취해야
장내 유익균이
잘 자라는 겨 ～

뇌장축
몰라?

그래도 한 달째
아게 뭐야 ～

옆 동굴 애들은
사슴 꼬기 먹던데

힝-

이유식 할 때만 해도 가리는 것
없이 이것저것 잘 먹던 아이가 편식을
하면 고민이 될 거예요.

베—
맛업쪄—

오이 시져!

보통 아이들이 만 두 살 무렵이
되면, 편식을 한답니다.

[REF 2~4]

야옹선생도 아이들 밥 먹이는 것
때문에 고민이 많아요.

육식주의자 일동이

세종대왕도
고기 없이는
밥 안 먹었대~

과자론자 이동이

엄마, 과자랑 사탕은 맛있으니까 좋은 거지?

밥이 싫은 삼순이까지…

맛업져!
지지야 -

이것저것 가리지 않고 골고루 잘 먹는
꿈의 아이는 어디서 오는걸까요?

어머니, 역시 샐러드엔
발사믹 소스가 어울리네요.
오이소박이랑 멸치조림도
맛이 끝내줘요!

하 하 하하

애들마다 개성 있는 입맛 때문에 고민하는 엄마 아빠들 많죠?

야옹선생은 여러 참고 자료들을 토대로 아이들의 입맛을 결정하는 두 가지 큰 전제를 찾아냈습니다~

첫째, 아이들은 본능적으로 효율적인 칼로리 섭취를 한다는 것 [REF 5]

같은 양을 먹었을 때 더 많은 칼로리를 얻으려면 지방을, 더 빨리 혈당을 올리려면 단순 당을 먹어야 하니까···

둘째, 이 효율성은 노출 빈도나 방식에 따라 바뀔 수 있다는 것이에용 ~ [REF 6]

과자아아~

이건 피망이 아니고 과자다 아아아 ~

자자 ~ 지금부터 앞의 두 가지 전제를 토대로 한 구체적인 방법을 알려드릴 테니 필기구 준비하시고요 ~

가능하면 모유 수유를 하세요. 그리고 수유 기간에 건강한 음식을 드세요. 엄마의 음식 섭취에 따라 모유의 맛과 성분이 달라지고, 아이의 입맛 형성에 영향을 준답니다. [REF 7~8]

오늘 쭈쭈 맛이 왜 이러냐?

건강한 음식을 아이가 손쉽게
접근할수 있도록 하고, 건강하지 못한
음식은 치워버리세요. 😺

[REF 9~10]

채소를 잘 안 먹는 아이라면 일상생활에서
채소와 친해지도록 해주세요.

어떤 음식을 거절한다고
억지로 먹여서도 안 되지만,
아예 치워버려도 안 돼요.
부드럽지만 지속적으로
권유해보세요.
[REF 11~12]

(부들부들)
요것 좀
먹어보렴~?

지속-
지속-

헐-또?

요리할 때도 효율성을 고려해서
꼭 필요한 식품군은 먹기 좋게,
과다하게 먹는 식품군은 먹기 불편하게
주세요.

으챠-

슉-

예를 들어 채소를 싫어하고 고기를 많이 먹는
아이에게는 채소는 먹기 편하고 좋아하는 방식으로,

고기는 먹기 불편하게 주는 방법이죠.

물론 한 번에 바뀌지는 않습니다.

그리고 아이들에게 건강한 음식과 그렇지 않은 음식에 대해
지속적으로 알려주세요.[REF 13~14]

영양 신호등이란 소아 비만 예방을 위해
고안된 음식 분류법이에요.

초록 맘껏 먹자	채소 (오이, 당근, 무, 버섯 등) 해조류 (미역, 김, 다시마 등) 레몬
노랑 적당히 먹자	토마토, 각종 과일, 두부, 달걀, 유제품, 튀기지 않은 고기와 생선, 밥, 빵, 국수, 떡, 감자, 고구마
빨강 먹지 말자	각종 튀김, 달콤한 음료(유자차 포함) 케이크, 핫도그, 피자, 햄버거, 과자, 사탕, 초콜릿, 아이스크림 등

소아 비만은 예방이 중요하고, 가족의 건강한 입맛 형성이 핵심 예방법입니다. [REF 15~16]

엄마 아빠의 입맛이 어린이에게 큰 영향을 준다는 것, 잊지 마시구요!

그런 의미에서 오늘은 프라이드 말고 구운 걸로?

훗- 챙겼제~

오~ 여쉬~ 내 가재미-

맥주?

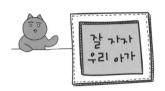

언니야~ 아기 잘 재우는 방법 없나? 언니는 아도 셋이나 키워봤다 아이가~

음... 굳이 따지자면 방법이야 있지...

뭐꼬? 내가 산다!

혹시 아만 쌔리 울리는 방법은 아니겠제? 그건 못 한데이~

그것도 수면 교육 방법 중 하나지만...

그거 말고~

우리 알콩이는 말이데이~
잘 때 입에서 쭈쭈가 빠지면
바로 난리 난다. 업어서 재워도
내릴 때 뽀싹 소리만 나도 눈을
번쩍! 뜨고…

하루는 두 시간 업어서 겨우
눕혀놨드만 십 분 뒤에 깨갖고
우는데 무신 리듬이 있겠노~!

리듬 같은
소리 하네!!

아고고~ 얘기 들어보니
엉망진창 수면이네~
우리 알콩이 고생하네

췻-
내가 고생이지!

우쭈쭈~

꺄-

94

달래야~ 언니 말 좀 들어볼래?

와웅

흔히 100일의 기적이 온다고 하지? 그 이유는 그때부터 밤낮 구분을 하고 수면 교육이 가능하기 때문이야.

100일의 기적? 100일의 기절일 걸? ㅋㅋㅋ

수면 교육은 크게 두 가지 단계로 나눌 수 있어.

항상 같은 시간에 같은 방식으로
재우는 '수면 의식'이
첫 번째 단계고… [REF 1~3]

등에 센서를 장착 중인 아이를
위한 '혼자 잠들게 하기'가
두 번째 단계야.

난 9시가 되면 잠옷으로
갈아입고 동화책 읽고
불 끄고 자장가 불러주면 끝!

헐~ 그런다고
잘 자나?

첨부터 잘자진
않지. 꾸준하게
하면 돼~ [REF 4~7]

두 번째 단계인
'혼자 잠들게 하기'는
잠들 때 졸리지만
깨어 있는 상태로
눕히라는 거야.

젖을 물리거나 업거나 안아서
혹은 유모차나 차에 태워 움직이며
재운 경우, 중간에 깨서
다시 스스로 잠들지 못하는
경우가 많아~

버둥- 버둥-

내 쭉쭉 내놔~

뿌에엥-

그래서 재울 때 꼭
졸리지만 깨어 있는
상태로 눕혀서
재워야 해~ 그러려면
아이의 졸림 사인을
캐치해야지 ─

졸림 사인?
그게 머꼬?

음! 졸릴 때
하품을 하거나
눈을 비비거나
젖을 찾거나 하는
행동을 말해~

쫑쫑 졸림 사인을 잘 못 읽어서
자꾸 젖을 물리다 보니 젖 없이는
못 재우는 경우도 생겨.

[REF 9]

1. 수면 시간과 수면 의식을 일정하게 유지하세요.
2. 평일이나 휴일의 수면 시간이 한 시간 이상 차이 나지 않도록 하세요.
3. 자기 전 한 시간은 텔레비전이나 스마트폰 사용 등 자극적인 활동을 피하세요.
4. 아이를 배고픈 상태로 재우지 마세요. 배고픈 상태라면 가벼운 간식을 주세요.
5. 자기 전에는 카페인이 함유된 콜라, 차, 초콜릿 등을 주지 마세요.
6. 매일 규칙적으로 야외 활동이나 운동을 하게 해주세요.
7. 아이가 자는 방은 최대한 어둡게 유지하세요.
8. 자는 방의 온도와 습도를 적절하게 유지하세요.
9. 아이가 자는 방을 벌 주는 용도로 쓰지 마세요.
10. 아이가 자는 방에 텔레비전을 두지 마세요.

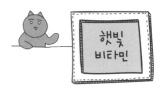

햇빛 많이 쬐면
피부암 생기는데~

아니 아니~
적당히 쬐면
괜찮아~

까꿍

어허~
국제 학회에선
비타민D 때문에
햇빛 쬐는 걸
권장 안 한다규~

그거야 그런 가이드라인이
백인 위주니까 그런거~

엄마
다녀오셨어요~

엄마! 엄마!

이보슈~
사실 먹는 비타민D랑
햇빛 비타민 D는 질이
달라요. 질이 ~

햇빛 = 고퀄

그게 그거지 ~

머, 어떻게
다른지 얘기나
해보슈~

햇빛 비타민은
먹는 비타민보다
두 배나
오래가지。

[REF 4~6]

햇빛 비타민은
중독도 안 돼요.
일정 농도 이상 오르면
불활성화 되거덩

엣헴 -

최근 비타민 D에
대한 관심이
많이 높아졌죠.

비타민 D가 뼈나 근육을 강화할 뿐 아니라
심혈관 질환이나 유방암, 대장암 등
각종 암을 예방할 가능성이
여러 연구에서 제기되고 있거든요.

[REF 7~10]

구릿빛 피부
= 건강의 상징

냐하하

2007년 한 연구에서는 비타민 D를
일상적으로 보충한 사람들이 그렇지 않은
사람들보다 오래 산다는 결과도 나왔죠.

[REF 11]

비타민 D가
장수의 비결 맞나요?

잉?
비선 실세가
정치의 비결
이라고?

110

파이팅!

지금 당장 밖으로
나가 아이들과 신나는
추억도 만들고, 햇빛
비타민도 만드세요!!

촉윤게 젤시로~

그럼 저는 이만~

드디어~

아고~
좋네 좋아~

고록록

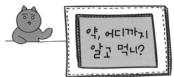

[REF 1~2]

우리가 아플 때 먹는 수많은 약…

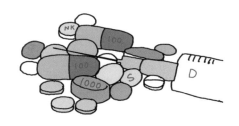

약이란 보통 병을 치료하기 위해
사용되는 물질이라고 정의되지요.

약물은 대부분 우리 몸속의
단백질과 결합하여 작용해요.

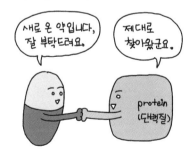

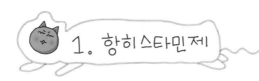

1. 항히스타민제

히스타민은 여러 염증 세포, 신경세포, 위 세포에
들어 있는데 자극을 받으면 세포 밖으로 나와
주변 세포들을 깨우지요.

이 히스타민을 받아들이는 수용체는
몇 가지 종류가 있는데 H1 수용체,
H2 수용체, H3 수용체만 알아보죠.

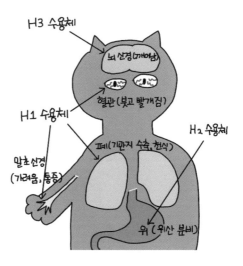

콧물감기, 알레르기 비염 등에
처방되는 항히스타민제는
H1 수용체를 막는 약이에요.

코미시럽, 코비안시럽
지코시럽 등 '코'자가
많이 들어가죠.

콧물감기 약을 먹으면
졸린 이유가 항히스타민제
때문인 경우가 많아요.

그 이유는 항히스타민제가 뇌혈관을
통과해 뇌의 다른 수용체에도
작용하기 때문이에요.

약이 너무 독하다고
하시는 분들이 많죠.

헤롱
헤롱

아무래도 뇌세포에 작용하니까요

그래서 꼭 필요한 경우가 아니면 만 2세 전에는 감기약으로 쓰지 않는 게 좋아요.

1세대 항히스타민제의 경우
히스타민 수용체뿐 아니라 콜린 수용체도
막아서 침이 마르고 콧물도 말라요.

물론 지르텍, 알레그라 같은 2세대
항히스타민제는 뇌혈관을 통과하지 않아서
졸음 부작용이 덜하지만, 콧물감기엔
거의 효과가 없어요.

그런데 항히스타민제를 쓰면
오히려 경과가 악화되는 경우도 있어요.

감기약에 많이 쓰이는 1세대
항히스타민제의 경우 콧물을 진득하게
만들어 코, 귀, 부비동에 있는
섬모의 운동을 떨어뜨리는데요 ㆍㆍ

2. 항염증제

흔히 항염증제라고 하면 어떤 약이 떠오르나요?

 부루펜
 타이레놀
 아스피린

타이레놀? 부루펜? 아스피린?

가장 강력한 항염증제는 스테로이드제입니다.

스테로이드는 모든 염증 반응을 강력하게 억제하기 때문에 꼭 필요할 때 단기간만 사용해요. 오래 쓰면 면역력을 떨어뜨리고 부작용도 많아요.

저는 원래 콜레스테롤이었어요. 부신피질 호르몬의 일종이기도 하죠.

Non **S**teroid **A**nti **I**nflammatory **D**rug
(스테로이드가 아닌 항염증제)

스테로이드제가 워낙 항염증 작용 능력이
강하기 때문에 부루펜 같은 나머지 약은
엔세이드 (NSAID)라고 부르죠.

어린이 해열제로 많이 쓰는
부루펜과 타이레놀은
COX (Cyclooxygenase) 라고 하는
효소를 방해해서 염증을 막아요.

효소(Enzyme) 란
자신은 변하지 않고
반응 속도를 빠르게 만드는
촉매제예요.

COX 효소는 크게 2가지가 있는데,
거의 모든 세포에 있는 COX-1과
염증 세포에 주로 있는 COX-2로
나뉘죠.

부루펜과 같은 엔세이드는 COX-1과
COX-2를 모두 방해하기 때문에
부작용이 생길 수 있어요.

작은 아이들의 경우
약 용량이 약간만 초과돼도
부작용이 나타날 수 있어요.

약을 먹고 토해도
다시 먹이지 마세요.
보통 시럽제나 가루약은
위에서 빨리 흡수돼요.

물론 항생제나 항바이러스제 등 중요한 약을 먹고 10분 이내 토한 경우는 의사나 약사와 상의하셔야 해요.

체크 체크

약국이나 편의점에서 처방 없이 파는 약도 용량이나 간격, 기간을 지키지 않으면 부작용이 생길 수 있어요.

이제 다 면 말이다냥~

약물을 처방 받거나 구매한 경우 일일이 정보를 찾아보면 좋겠지만, 워~낙 정보량이 많기 때문에 오히려 패닉에 빠질 수 있죠.

평소 건강한 아이라면 다음 정보를 위주로 검색하세요.

① 연령·체중에 따른 용량 (최소 용량, 하루 최대 용량)
② 최소 복용 간격
③ 저장 방법과 유통기한

오빠의
사랑

까꿍 -
우리 삼순쟁이가~

까~ 까~ -

응!
세상에서
제일 좋아

주먹 마지따

일동이는
삼순이가
글케 좋아?

삼순이가 일동이
장난감도 뿌숴잖아.
그래도 좋아?

괜찮아~
어차피 그거
시시해서
안 갖고 놀아.

까꿍-

나중에 삼순이가
커서 멀리 떠나면
어떡할 거야?

어쩔 수 없지.
보내줘야지.

까~

흑-

하긴 니 똥이라도
잘 닦으면 다행이지.

자연주의
육아를 위한
증상 질환별 처방전

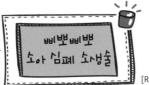

[REF 1]

따단 딴따단 –

아이가 의식 없이 축 늘어지거나 호흡, 심장박동이 없다면!?

즉시 심폐 소생술(CPR)을 실시해야 합니다.

Cardio
Pulmonary
Resuscitation

CPR는 너무 기본이라 다 아시죠?

고롱 고롱 ~

머, 머라구요?
그게 뭔지 모른다구요?
아무도 안 알랴줬다구용?

짜자자~

이론 이론~
또 이 야옹선생이
알랴드려야겠군요.

하아~

심폐 소생술은
3가지만 명심하시면
돼요.

① 의식 확인

② 119 전화

③ 2:15 와
   학교 종이 땡땡땡

① 의식 확인
  발바닥을 손가락으로 치면서
  아이 이름을 크게 부르세요.

삼순아!
삼순아!

② 의식이 없다면 바로
   119에 신고하세요.

119죠!?
아이가 의식이
없어요.
빨리 와주세요!!

③ 구조 호흡 2번,
   흉부 압박 15번으로
   심폐 소생술을 시작하세요.

소아는 기도 내 이물이 원인인
경우가 많아 구조 호흡부터
해야 해요.

켁 켁

먼저 고개를 뒤로 젖히고
입안에 이물질이 있는지
확인합니다. 있으면 꺼내세요.

뒤적
뒤적

그리고 길고 깊게 두 번
입에서 입으로 구조 호흡을
해줍니다.

숨을 깊이
들이마시고~
하 ~~~

후~

명심하세요.
당신이 심폐 소생술을
해보지 않았어도,
신고 즉시 구조 호흡을
시행하세요 !!

그냥 하세요 제발!

구조 호흡 후에는 가슴 압박을
해야해요.

복잡하게 생각하지 말고
효과적으로 그리고 빠르게
압박하면 됩니다.

효과적으로!!

정확한 위치에 가슴 폭의
1/3 정도가 압박될 수 있도록
합니다.

정확한 위치는 두 젖꼭지의
가운데입니다.

평평한 바닥에 눕힌 상태로
가슴 앞뒤 폭의 1/3이 움푹
들어가도록 압박합니다。

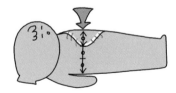

가슴 폭의 1/3을 압박하려면
아이의 체격에 따라 압력을
조절해야 해요。

돌 이전의 작은 아이의 경우
손가락 두 개면 충분해요。

돌은 지났으나 학교는 안 가는 애매한
나이의 경우는 한쪽 손바닥으로 압박하세요.

한 손은 아이의 이마를 뒤로
젖혀 기도를 확보하고, 다른 손으로
젖꼭지 사이를 압박하세요.

옆에서 봤을 때 팔꿈치가
구부러지지 않고 팔과 바닥이
수직이 되게 하세요.

그리고 손바닥 전체가 아닌
손바닥 아래쪽 단단한 부분으로
압박하세요.

요기
요기

학교 들어간 큰 아이의 경우는
보통 성인과 같이 두 손 압박을
해야 해요.

두 손 압박 시에는 두 손을
깍지 껴서 위에 있는 손으로
아래 손을 살짝 들어 올리세요.

요래 해서 ⇒ 요래요래

그렇게 하면 자연스럽게 손바닥
아랫부분으로 압박할 수 있습니다.

← 요기
요기

압박 후에는 가슴이 완전히
올라오도록 해야 심장으로 피가
다시 들어와요.

압박할 때는 심장이 수축되면서
피가 몸으로 들어가고,

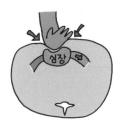

압박을 풀면 심장이 확장되면서
피가 심장 안으로 돌아와요.

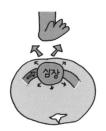

빠르게!!

분당 100회 이상으로 가슴을
압박해야 합니다.

분당 100회는 생각보다 훨씬
빠른 속도랍니다.

사실 혼자 심폐 소생술
제대로 하면 힘들어서
금방 지쳐요.

그리고 15:2 비율로
가슴 압박과 구조 호흡을 해야 하기
때문에 헷갈리기 쉬워요.

구조 호흡—
구조 호흡—

몇 번 했드라
⁇

그래서 야옹선생은 학교 종이
땡땡땡을 부르면서 시행하라고
말씀드립니다.

흑-
흑-

학 교 종 이
땡 땡 땡 ~
어 서 모 이
자 ~

속도도
분당 100회
정도로 나와요~

한 박자당
한 번씩 압박하면
'어서 모이자'에서
15회가량
압박이 됩니다.

만 8세 이상의
큰 아이들은 30 : 2의
비율이라 노래 끝까지
가슴 압박을 하세요.

작은 아이는
반만 ~

[REF 1]

생각보다 흔히 일어나는
'기도 내 이물질이 들어갔을 때'
어떻게 해야 하는지
알아보겠어요 ~

기도 내에 이물질이
들어가는 경우는
초응급 상황으로,
발견한 사람이
즉시 응급처치를
해야해요.

그러니까 꼭 알아둡시다‼

꼭~

캬옹~

시범을 보여주실
숙성된, 아니 숙련된
가자미식해님을
소개합니다~

가자미식해
아니고
가자미선생입니다.

실제로 가자미
선생께선 어렸을 때
동전이 목구멍에
걸린 적이 있죠?

네, 제가
둘 무렵일 때
일이죠.
아직도 기억이
생생합니다.

오들

오들

귀엽고 순진무구했던 저는 동그랗고
반짝이는 그것을 입으로 만끽하려 했죠.

어쨌든 동전이 기도를 막아
숨을 못 쉬었고, 1년간의 삶이
주마등처럼 지나갔죠…

그때 거대한 손길이 저를
거꾸로 들어 올리고 마구 흔들었죠.

그러다 결국 그것이 입 밖으로
빠져나왔죠. 땡그랑~하고.

땡그랑~

오호~
그래서 그 손은
누구의 손이었죠?

그 손은 바로
일이삼 남매의
할머니 손이었습니다.

장하다 나 자신!

오~ 역시 어머니는 강하다는 훈훈한 이야기?

그때 이후로 저는 완전히 철이 들었죠.

뭐래니…

요런요런, 자기는 도대체 얼마나 운이 좋은 거니?

You! 럭키 캣

나랑 결혼을 하다니~

어쨌든 기도가 막혔을 때 어떻게 해야 하는지 이동·삼순 남매와 알아봅시다.

경우 1.

기도가 부분적으로 막혀
기침을 할 때

콜록-
콜록-

이 경우 아무것도 하지 말아야 해요.
물을 먹이거나 등을 두드리거나
손가락을 입에 넣으면 안 돼요.

켈록-
켈록-

옳지 옳지-

계속 기침해
괜찮아 ~

우엑-
콜록-
콜록-

기침이 끝나고
목에 걸렸던 것이
빠져나오면 아이를
안정시키고
잘 살펴보세요.

이제 목이
시원해졌어

경우 2.

기도가 완전히 막혀

기침도 못 하고 새파래질 때

ㅇㅇㅇ-

일단 무조건! 재빨리! 119에

신고하세요.

119!!
아이가 숨을
안 쉬어요~
빨리 와주세요~

아직 돌이 안 된 작은 아이는
얼굴이 아래쪽을 향하게
다리 위에 엎어놓습니다.

이때 아이를 떨어뜨리지 않도록
한 손(보통 왼손)으로 아이의
목덜미를 단단히 잡아주세요.

아이의 견갑골 사이를 뒤에서
앞으로 다섯 번 밀어 칩니다.

하나! 둘! 셋! 넷! 다섯!!

이때 주의할 점!
첫째, 손바닥으로 찰싹찰싹
치면 안 되고 손바닥 아래쪽
단단한 부분으로 친다.

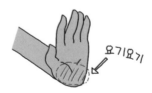

요기요기

둘째, 위에서 아래가 아니고
뒤에서 앞으로 밀어 쳐야 한다.

삑- **NG!**

위에서
아래로✗
찰싹~
찰싹~

OK!

뒤에서
앞으로!!

하낫
둘 셋

등 치기 후에는 아이를
뒤집어 가슴 가운데
젖꼭지 사이를 다섯 번
빠르게 누릅니다.

넷

다섯

등 치기 다섯 번과
흉부 압박 후에 아이
입안에서 이물질이
나왔는지 확인합니다.

이때 머리는 계속
아래로 향하게
하세요!

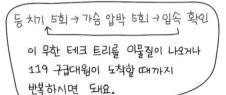

등 치기 5회 → 가슴 압박 5회 → 입속 확인

이 무한 테크 트리를 이물질이 나오거나
119 구급대원이 도착할 때까지
반복하시면 돼요.

돌이 지난 조금
큰 아이는 다리에
엎어 놓기 힘들죠.
위험하기도 하구요.

나 말야?

이런 경우엔 한쪽 다리를 세우고
그 위에 아이를 폴더처럼 구부려
엎어놓고 똑같이 하면 돼요.

하낫 둘
셋 넷
다섯!

응급 상황 대처법은 평소에 충분히 익히는 것이 좋아요.

인터넷에 좋은 동영상 자료도 꼭 보시구요~

유튭같은 거 [REF 2]

맞아요~ 평소에 아이들과 상황 놀이 겸 연습을 해봐도 좋아요.

슬쩍

캬캬캬캬ー

자기 이번에는 내가 다한 거 알지?

은근슬쩍 숟갈 얹으면 노노해~

어허~ 이 사람 현실 파악 안 되네~

나는 미끼를 던져분 것이고 자기는 고것을 확! 물어분 것이여 ~~

캬캬캬캬

까악~ 가자미 살려

파닥 파닥!!

붉은 깃발을 찾아라
(급성 복통)

끙- 끙-

울 애기 배 아픈 거야?

끄덕 끄덕

으앙~

왠지 불안한데 병원에 가보는 게 좋겠지?

예를 들어 카 레이싱 경기 중에
붉은 깃발이 보이면 위험하니
경기를 중단해야죠. [REF 2]

의료에서도 마찬가지예요.
붉은 깃발 사인이 보이면 무언가
위험한 질병의 가능성이 높기
때문에 주의 깊게 진찰해야 해요.

급성 복통의 경우 다음과 같은
소견이 보이면 붉은 깃발 사인으로
인식해야 해요.

① 배를 다친 후 생긴 통증 [REF 3~5]

② 갑자기 발생한 심한 통증이
2시간 이상 지속되거나 반복될 때
[REF 6~8]

③ 배꼽에서 떨어진 곳이 아플 때
[REF 9]

④ 기침하면 심해질 때 [REF 10]

⑤ 다리를 구부린 채 배를
만지지도 못하게 할 때 [REF 10]

만지지 마!

⑥ 그 외 구토, 열, 발진, 혈변을
동반하는 경우도 붉은 깃발에
해당돼요. [REF 11~14]

그럼 우리
삼순이가 위험하다는
말씀인가요?

자놀먹싸 점수와 붉은 깃발 사인을 조합하면 아이가 아플 때 바로 병원에 가야 할지 판단하는 데 큰 도움이 되죠.

左 자놀먹싸

右 붉은깃발

쌈닥선생의 근자욱에서는 앞으로 각 증상의 붉은 깃발 사인을 공유하겠습니다.

헐~ 야옹선생의 근자욱이라고욧!

캬옹~

딴청 딴청~

어디서 고양이 소리가?

설사해도
괜찮아

[REF 20~23]

😼 설사할 때

먹어도 돼요	피해야 해요
°쌀죽, 크래커, 식빵 ° 고기(기름기 제거) ° 익힌 채소나 과일 ° 유산균	°기름진 음식 °과일주스 °스포츠 음료 °차가운 음식 °맵고 자극적인 음식

[REF 4~8]

🚩 설사의 붉은 깃발 사인 [REF 9]

① 자놀먹ㅆㅏ 점수가 높을 때

② 똥에 피나 고름이 나올 때

③ 전혀 먹지 못할 때

④ 심한 복통을 동반할 때

⑤ 탈수가 의심될 때
(입 마름, 소변 색이 진해짐,
소변량이 줄어듦)

잔소리나냥~

설사

설사는 흔히 바이러스성 장염 때문에 발생해요.
설사가 심하지 않으면 굶기보다 음식을 먹는 것이 장 건강에 도움이 된다고 해요. 입맛이 없는 아이라면 탈수가 되지 않도록 따뜻한 죽을 조금씩 자주 먹이고, 입맛이 있는 아이라면 피해야 할 음식만 빼고 먹도록 해주세요.
수유하는 아기는 수유를 계속하셔도 돼요.[REF 10~12]
유산균이 도움이 되기도 하는데 Lactobacillus Rhamnosus GG, Saccharomyces Boulardii 두 균종이 가장 효과가 잘 밝혀진 종류이니 확인하고 먹이세요.[REF 13~19]

🏥 @ 쌈닥 의원

어디 보자~
탈수의 명약이?

업방~

처 방 전

페디라산 5포 2일

의사 쌍단 🌱

페디라산?
처음 보는 약일세?

탈수의 명약 ORS!!
(Oral Rehydration Solution)
우리말로는 경구 수액제라고 해요.

액상 타입과 가루 타입이
있는데, 전문의약품이라
처방전이 있어야 해요.

ORS는 탈수와 전해질 이상을 빠르게 교정해 소아 사망률을 획기적으로 낮추었죠.

[REF 4]

더군다나 집에서 편하게 탈수 교정을 할 수 있어 불필요한 입원이나 주사를 줄일 수 있지요. [REF 5~7]

꼬꼬꼬

찬양하라 ORS

라고 하셨지?

삐—
삐—

끓여서 식힌 물 1ℓ에 다섯 포를 풀어주랬지? 200cc당 한 포네.

며칠 뒤···

피치 못할 상황을 위한 ORS 레시피

[REF 8]

먼저 끓여서 식힌 물
1ℓ를 준비하세요。

여기에 소금 1/2 작은술,
베이킹소다 1/2 작은술,
설탕 4큰술을 넣고 ~

탈수에는 ORS • 173

▷ 탈수의 붉은 깃발 사인

① 물을 포함하여 아무것도
   못 먹을 때
② 아이가 늘어질 때
③ 소변 색이 진해질 때
④ 소변 간격이 어린 아이의 경우
   4시간, 큰 아이의 경우 6시간
   이상으로 벌어질 때

▷ 구토의 붉은 깃발 사인

① 만 24시간 이상 구토가
   지속될 때
② 물을 포함하여 아무것도
   못 먹을 때
③ 피가 섞인 구토
④ 고열, 심한 복통이 동반

탈수와 구토

아이가 구토나 심한 설사를 할 때 가장 걱정되는 증상이 바로 탈수입니다.[REF 9~12]
아이의 소변 색이 진해지고 간격이 4시간 이상으로 벌어지면 바로 탈수를 의심하셔야 합
니다.[REF 13] 심한 탈수는 병원에 입원해서 정맥 수액제를 맞아야 하지만, 가벼운 탈수
는 아이가 힘든 주사보다 경구 수액제가 훨씬 낫죠.[REF14~21]
구토하는 아이에게 경구 수액제를 먹일 때는 찻숟가락으로 1분에 한두 숟가락 먹인다고
생각하고 천천히 주셔야 구토를 예방할 수 있어요. 장염으로 병원에 갔을 때 탈수 소견이
있다면 꼭 경구 수액제를 처방해달라고 얘기하세요.

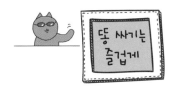

밖에 나가면 똥을 못 싸는 이동이.

끄-응-

엄마- 똥꼬가 아파~
똥이 안 나와 ~~

배변 훈련 후 똥 싸기가 싫어진 삼순이

우에엥-

시적 시적-

아둥
아둥

바둥
바둥

삼순이 또
팬티에 똥 묻혔네?
밥도 잘 안 먹고!?

힝-

절대 보고 싶지 않은
불청객이 찾아왔다!!!

아이들이 이유식이나
뺘변 훈련을 시작할 때,
어린이집이나 유치원에
가기 시작할 때 변비가
잘 생겨요. [REF 1~3]

혼한 증상이니
별것 아니라고
방치하면 안 돼요!
초기에 적극적으로
대처해야 만성화가
되지 않아요!! [REF 4~5]

특히 아이가 똥 싸는 것을 두려워하거나
고통스러운 것으로 인식하지 않게 해야 해요.

화장실이 무서워~
똥 싸는 게 젤 시러~

차라리 뱃속에
화석을 만들래~

변비 치료법엔
크게 식이요법과
행동요법, 그리고
약물 치료가 있죠.

우선 섬유질과 물을 충분히 먹입시다.

섬유질은 아이의 만 나이 + 5~10g
정도로 보충해주세요. [REF 6~7]

사과 1개 3g (껍질째)	콩 ½컵 4~7g
토마토 1개 2g (중간 크기)	고구마 1개 4g (중간 크기)
배 1개 4g	당근 1개 2g (중간 크기)
자두 2개 2g	구운 감자 3g (중간 크기 껍질째)

요리를
하자 ─

물론 모든 식이요법은
아이가 좋아할 만한
형태로 해야 해요.

안 먹으면
꽝이니깨 ─

과일 중에서도 배, 자두, 사과에는
섬유질뿐 아니라 변비약 성분인
소비톨(Sorbitol) 성분도 들어 있어서
더욱 도움이 돼요.

섬유질 섭취는 변비 예방뿐 아니라
당뇨, 대장암, 심혈관 질환,
비만 예방에도 도움이 된답니다.
[REF 8~12]

성인의 경우
여자는 하루 25g,
남자는 35g 정도는
섭취하세요.

최근 연구 결과들을 보면 충분한
섬유질을 섭취하면 대장에 유익한
락토바실러스 균이나 비피더스 균이 늘어나고,
유해균은 줄어드는 효과가 있다고 해요.

[REF 13]

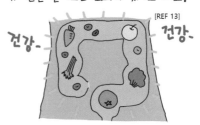

건강-   건강-

그리고 이런 장내 유익균이 뇌의
건강한 기능에 역할을 한다고 하니
[REF 14~16]

Brain (뇌)
Gut (장)
Axis (축)

먹는 게 이렇게
중요합니다.
여러분!!

이 땅의
모든 요리인에게
경외를!!

시져
시져

요번들-

하지만
현실은
시궁창

키키-

채소
괴물이다-

섬유질 따위로
내 배를
채울쏘냐-

요리법 공유 좀
합시다요~

악마의
채소찜
(=비주얼은
음식 쓰레기)

식이요법이 충분하다면 남은 것은
즐거운 똥 싸기 환경을 만들어주는 것!!

요거이 바로
행동요법!

간혹 요것(우유) 땜에
변비가 생기거나 심해지는
경우가 있으니, 1~2주 정도
유제품을 끊어보는 방법도
있어요. 특히 평소 아토피가
있다면 꼭 시도해보세요.
[REF 17~22]

일단 똥 싸기와 관련된 스트레스를
해결해주세요. [REF 23~24]

삼순아
그냥 기저귀에
똥 싸자~
배변 훈련
담에 하면 돼-

휙-   휙!-

이동아
유치원에서
똥 싸도 돼~
엄마가 선생님한테
말씀드릴게-

그다음 밥 먹고 5분은
'즐거운 똥 싸기 시간'으로 정하세요.

[REF 25~26]

그리고 이 5분간 변기에 앉히고
아이가 좋아하는 것을 해주세요.

이때 아이가 똥을 못 쌌다고
혼내거나 똥을 쌌다고 칭찬하지
말고, 5분간 앉아 있었다는
노력 자체를 칭찬해주세요.

이 똥 싸기 타임을 즐거운 경험과
연결시키는 것은 똥 싸기＝고통이
돼버린 만성 변비에 걸린 아이에게
중요한 행동 치료예요.

식이요법과 행동요법으로도 해결이
안 되는 경우엔 주치의와 상담 후
약물 치료를 고려해야 해요.

쾌변의 중요성은 변비로 고생해본 사람이라면 누구나 아실 거예요. 모든 아이들이 즐겁게 똥을 싸는 그날까지 엄마 아빠들이여 힘을 줍시다, 힘!

▶변비의 붉은 깃발 사인

① 4개월 이하 아기가 변비일 때

② 자주, 장기간 변비가 지속될 때

③ 여러 가지 방법을 써도 똥을 못 쌀 때

④ 똥에 피가 나오는 경우

⑤ 똥 쌀 때 통증이 심한 경우

⑥ 성장이 지연될 때

기침,
막지 마세요

으~~
어느새 찬 바람이~

올해도 어김없구만~
바이러스 너란 녀석
참 성실하군하…

콜록 콜록-

콕콕콕-

왜긴? 애들이 저렇게 기침하는데 기침약 먹여야지~

기침엔 기침약, 콧물엔 콧물 약, 가래엔 가래 약 기본 아녀?

냐하하하~ 나는 자기의 그런 단순하고 순수한 모습이 좋드라~

아야 아야 아프다고~~

어허~ 릴랙스~

꾹꾹-

↑
마사지 공포증 있음

애초에 기침이란 것은 말여. 내 몸을 지키기 위한 방어 기전이란 말이시.

[REF 1~2]

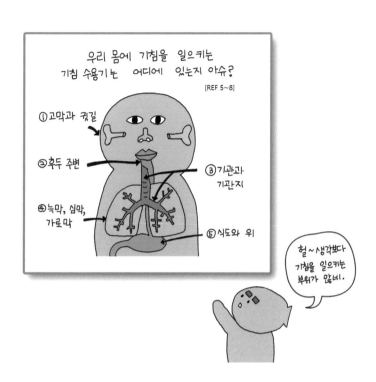

우리 몸에 기침을 일으키는
기침 수용기는 어디에 있는지 아슈?
[REF 5~8]

① 고막과 귓길
② 후두 주변
③ 기관과 기관지
④ 늑막, 심막, 가로막
⑤ 식도와 위

헐~ 생각보다 기침을 일으키는 부위가 많네.

그치?
기침 수용기가 있는 부위에 염증이 생기거나 이물질이 들어오면 그것들을 밖으로 내보내기 위해 기침을 하지. [REF 5~8]

건강한 아이도
하루 평균 11번
기침한다는 보고가 있어.
[REF 3]

안에 염증 분비물이나
이물질이 있는데
기침을 못 하게 막으면
어떻게 되겠어?

듭뜨프그뜨
(답답하겠어)

덥!

예를 들어
흉곽 기형이나
신경 근육 질환
있으면 그렇지.

선천적이거나 후천적인
이유로 기침을 제대로
못 하는 아이들은
폐렴이 잦고, 무기폐가
생기기도 해서 만성
폐 질환에도 잘
걸린다규~ [REF 4]

기침 수용기에 자극이 오면 미주신경을
따라 뇌에 보고되고 뇌가 호흡근,
횡격막, 후두와 기관지에 기침 명령을
내리지 ~ [REF 5~8]

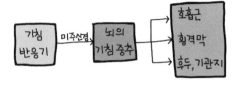

대다수 기침약으로 쓰이는 성분은
뇌의 기침 중추에 작용해서 기침을
억제 하는 것이여. [REF 9]

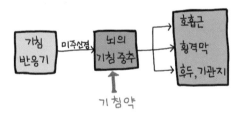

그러니까 원인이 되는 상태는
그대로 둔 채 기침을 막으면 오히려
원인 질환을 키운다는 말이여.

사실 기침약
자체가 특별한 경우
빼고는 효과가
증명되지 않은데다,
소아에서 부작용은
심심찮게 일어나거등…
[REF 10~13]

그리고 보통 감기에 걸렸을 때
기침을 하는 이유는 코나 부비동에
염증이 생겨 분비물이 후두 쪽으로
내려가면서 생기는 후비루 때문이여.
[REF 14~16]

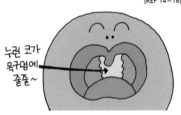

누런 코가
목구멍에
줄줄~

그니깐 이 후비루를
해결해주면 기침도
좋아진단 말씀~

오~ 맞아 맞아!
목구멍에 뭐가 들러붙어서
끌럭거리는 거 진~짜
짜증 나~

그치?
후비루에는 점막의
수분 유지가 중요하니
물을 충~분히
마셔야 해. [REF 17~19]

그리고 식염수 코 세수를 하거나
가글을 하는 것이 도움이 되니
후비루가 있는 분들은 꼭 하시길
바래용

〈감기를 부탁해〉
〈비염엔 코 세수〉
편을 참고하세요~

그치만 기침을 하면
주변 사람들한테 바이러스나
세균을 옮길 수도 있잖아~

민폐여
민폐~

그래서
내가 특별히 준비한
것이 있지~.

우에엑~
자기 나 촌빨 날리지
있는 거 알자나~

캠페인성
문구에
하트 최악

막지 말고
가리자♥

꾸에—

33

그래도 꼬맹이들이
저렇게 기침을 해대는데
병원에라도 가봐야 하지
않을까나?

하지말고

아직은
아니 가도
되오~

휘휘

[REF 20~21]

▶ 기침의 붉은 깃발 사인

① 아이 상태가 안 좋을 때
   (자놀먹싸 점수참조)

② 피가래가 나올 때

③ 숨찬 증상이 동반될 때

④ 쌕쌕거리거나 컹컹 소리가 날 때

⑤ 이물질을 삼켰다고 의심될 때

⑥ 3주 이상 지속될 때

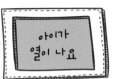

아이가
열이 나요

후훗 녀석들

오~멋진 성인데?

레고는
말야~

와-
형아
잘한다

오잉? 등이 뜨끈?!

삼순이
열 있는데?

나ー

휙

엉? 열이 있어?
아침엔 괜찮든데~

와~

요건
요래

194

오빠 꺼?

뻣싱~

저벅
저벅

오빠 꺼
꿀잼~

진격의 삼슌이

해열제 아직
안 줘도 되겠는데?

그래도 38도가
넘는데 주는 게
낫지 않아?

왜?

열이 나니까?

뜬금없는 퀴-즈

아이가 열이 날 때 가장 먼저 해야 할 것은?
① 해열제 등으로 열을 내린다.
② 아이를 자세히 관찰한다.

흥! 당연히 ①번이지!

무슨 개뼉다구 같은 질문이여~

땡!

자자, 흥분 말고~

열 자체는 질병이 아니고 현상이잖나~ 그러니까 열이 날 때 젤 중요한 것은 원인을 밝히는 거지. [REF 1~3]

그러니까 답은 ②번이야

자놀먹싸 점수는? 다른 증상은?

냐?

내가 보니 콧물과 가벼운 기침 말곤 괜찮아. 안심하슈~

잘 놀고 잘 먹고 불안

아니 그래도 어린 아기인데 아무것도 안 해?

내가 언제 하지 말랬남? 당연 해줘야지. 푹 쉬게 하고, 물도 충분히 마시게 하고…

[REF 4]

열이 나면 탈수되기 쉽고 탈수되면 열이 오르나니…

아오~스트레스~ 뺄 거라구~

근데 우리 넷째는 언제 나와?

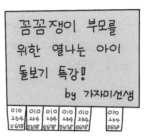

열이 가장 높이 오른 피크의 간격이
벌어지거나 피크 체온이 떨어지면
약간 안심을 한답니다.

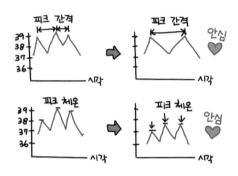

그리고
명상 효과도
있어요.

이 방법은 항생제 등
약을 먹을 때 효과를
판단하는 데 도움이
돼요. 병원에 갈 때
주치의에게 보여주시면
좋아요.

물론 아이가 힘들어 하면
해열제를 주셔도 돼요.
꼭 용량을 확인하고
주시구요! [REF 7]

[REF 4~6]

[REF 8~9]

▶ 열의 붉은 깃발 사인

① 자놀먹싸 점수가 높을 때

② 3개월 이하의 아이가 열이 날 때

③ 열이 3일 이상 지속될 때

④ 39도 이상 고열이 날 때

⑤ 열이 자꾸 재발할 때

⑥ 발진, 관절통, 혈뇨가 동반될 때

열

열이 나는 아이는 초보 엄마 아빠의 애간장을 태우게 마련이죠. 실제로 열 자체가 아이의 건강에 악영향을 끼친다는 증거가 없는데도 동서고금을 막론하고 열에 대한 두려움은 큰가 봅니다.[REF 5,10~12]

그렇지만 열을 내리겠다는 일념으로 하는 행위가 오히려 아이에게 해가 될 수 있다면 어떨까요? 해열제도 부작용이 있고,[REF 13~14] 테피드 마사지도 감염으로 열이 나는 아이에게는 권유되지 않습니다.[REF 15~17]

엄마 아빠의 불안은 아이도 불안하게 할 수 있으니 아이가 열이 날 때 당황하지 말고 잘 관찰한 뒤 아이를 편히 쉴 수 있게 해주세요.

이동이는
천재?

허리 업!

애미야 -
빨리 이리 좀 와보래~
우리 이동이가
숫자를 읽는다 -

컴온~
이리로
와보래~

어서 어서
가봅시다~

네!!??

깜짝

아가 ~
요게 떨어져 있는
고무줄이 무신 모양이꼬?

봐라
봐라
내 말
맞제?

팔!

끄덕~
끄덕~

붕~

하이고 - 우리 이동이
집도 잘 짓네 -

건축가 ?
블록 디자이너?

이동이 천재?
프로토타입은 천둥벌거숭이!

감기를
부탁해

콜록
콜록

기침

코가 찡찡해

우엥-
엄마-

코막힘

마지따
.....°

츄릅-

콧물

때는
바야흐로

감기의 계절

season of cold

후끈-

감기

어린이들이 가을부터 봄까지 달고 있다시피 한 감기. 가장 흔하고, 가장 신경 쓰이는 질환이죠.

감기는 합병증이 없는 한 앞에 나온 몇 가지 대증요법과 부모님의 사랑으로 거뜬히 이겨낼 수 있답니다. 시중에 있는 감기약은 어린이를 대상으로 연구가 잘되지 않았을뿐더러, 연구가 된 약도 큰 효과가 없거나 오히려 해가 되는 것으로 알려졌습니다.[REF 8~22]

꼭 약이 필요하다고 생각된다면 주치의와 상담 후 가장 아이를 힘들게 하는 증상에 대하여 단일 약제로 먹이는 것이 좋습니다.[REF 23] 그렇게 해야 부작용이 생기더라도 어떤 약 때문인지 알고 다음에 주의할 수 있겠죠?

참, 감기 초기에 가장 좋은 약은 바로 따뜻한 물입니다. 어른도 아이도 따뜻한 물 많이 드세요~

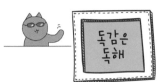

일동이가 오늘 갑자기
열이 나고 아픈 거죠?
요즘 독감 유행 시기라
검사를 해볼게요. [REF 1]

일동아, 검사하느라
코가 잠깐 불편해요~

네

역시 독감이네요~
증상이 심해서
약을 먹는 게
좋겠어요. [REF 2~6]

양성

약이라면 타미플루
말인가요?
꼭 먹어야 하나요?
감기는 약 안 먹고
잘 이겨냈는데…

자연주의
해야 하는데…

일동이 상태를 보고도 그런 말을 하십니까 ~~

으으으 추워~

게다가 일동이네는 귀여운 이동이, 삼순이가 있잖아요~

옳을라 •••

맞다! 이동이, 삼순이 옮으면 안 되죠

엄마~ 집에 가자 ~~

괜찮습니다. 독감이란 게 얼마나 힘든지 겪어보지 않으면 모르죠. 감기하고 비슷한 놈으로 착각하기도 하고요.

선생님, 근데요.
독감은 왜 매년
접종하는 건가요?

그러게.
너무 싫어-

오, 그건 말이죠~

독감 바이러스는 RNA
바이러스라 돌연변이가
잘 일어나기 때문이에요. [REF 10]
단순 감기와 달리
합병증도 잘 생기고요. [REF 7~9]

독감 바이러스는 대충 이렇게

생겼어요. 예쁘죠? [REF 10~11]

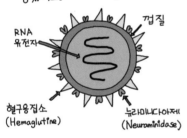

껍질

RNA
유전자

혈구응집소
(Hemaglutine)

뉴라미니다아제
(Neuraminidase)

혈구응집소는 창처럼 우리 몸
세포에 달라붙어 유전자를
세포 속으로 넣는 역할을 해요.

손 들어!
안 그럼 찌른다~

아, 알겠어요.

헉-

그리고 바이러스가 충분히 복제되면
가위 같은 뉴라미니다아제로 세포를
찢고 나와 다른 세포로 가요.

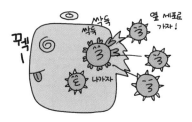

이 두 가지(H=혈구응집소+N=뉴라미니다아제)가
감염에 가장 중요한 역할을 해요.
그래서 이 두 가지 종류에 따라
독감 바이러스의 이름이 결정되죠.

보통 해마다 일어나는 돌연변이는
혈구응집소나 뉴라미니다아제를 만드는
유전자의 작은 한 점이 바뀌면서 생겨요.

이와 달리 10년에 한 번 정도 일어나는
대유행은 두 가지 유전자가 아예
동물(돼지, 오리 등)의 유전자와
뒤바뀌면서 생겨요.

예를 들면 2009년 온 나라를
뒤흔든 신종플루가 그런 경우죠.
이런 대유행은 바이러스
예측이 어려워 예방접종도
하기가 힘들죠.

궁금 궁금…
매년 바이러스가
바뀌는데 백신을
어떻게 예측하고
만드나요?

아! 그건 매년
WHO 등이 지난해
남반구에서 유행한
바이러스를 토대로
예측해요. [REF 12]

대부분 지난해 예방접종이 안 된 바이러스가 유행한다고 해요. 그러니 접종이 필요한 어린이들과 면역 저하자들은 접종하는 게 좋아요.[REF 13~14]

저는 작년에 독감 걸려서 너무 아팠져요. 독감 때찡-

잉 잉 잉

그러게… 집에 가자

엄마~ 선생님 이상해~

잔소리다냥~

독감

우리나라와 같이 인구밀도가 높은 곳에 사는 사람들은 전염성 질환과 일생을 싸워야 죠. 평소 건강한 아이나 어른이라면 약 없이 자연면역을 유도해볼 수도 있겠지만, 증상이 심하거나 집에 다른 노약자들이 있다면 초기에 타미플루를 복용하는 것이 증상 완화와 전염 방지에 도움이 됩니다.

물론 마스크 착용, 손 씻기 등 위생 관리도 중요한 전염 예방법이고요.[REF 15]

만 2세 이하의 아기, 만성질환이 있는 어린이나 어른은 폐렴, 뇌수막염 등 합병증이 발생할 확률이 높으니 꼭 예방접종 하세요.[REF 13~14]

약을 먹는다고 바로 전염력이 없어지진 않아요. 열이 떨어지고 24시간이 지날 때까지 노약자와 격리하는 게 좋습니다.[REF 16]

열경련
당황 금지

우리 왔어~

아기~

언니야~
우리 알콩이
좀 봐바리~

낑-
낑-

아침도 안 먹고
계속 낑낑댄다.

자놀먼싸
빨간불이네.
열은?

아기 아야?

낑-
낑-

🏥 @ 쌈닥 의원

선생님~
우리 알콩이 열나고
경기를 했는데 좀
자세히 봐주어소.

아 그랬군요.
몇 분 정도 했나요?
어떤 식으로 했죠?

3분 정도 했어요!
눈이 오른쪽으로
돌아가면서 양쪽
팔다리가 움찔했어요.

어버버-
우짜지요?
제가 당황해 갖고
확인을 못 했는데···

불쑥

오! 다행이네요.
말씀하신 양상을
보니 단순 열경련
이네요.

근데예···
선생님, 우리 알콩이
머리에 문제 있는 건
아닙니꺼?

걱정
근심

열경련은 지능이나
뇌 발달에 영향을
주지 않아요.
걱정 마세요.
[REF 1~5]

혹시 이러다가
뇌전증 되는거
아닙니꺼?

열경련은 뇌전증
하고 전혀 다른
거예요. [REF 6~10]

노노-

꼬-

열경련 아이의 99%는
걱정할 필요가 없어요.
굳이 따지자면 열경련
없던 아이에 비해 아~주
약간 뇌전증 위험이 있죠.
[REF 6]

228

머라꼬예?
동영상을 찍으라꼬예!?
그건 아니지예!~~~

자자 - 진정하세요.
동영상 등 충분한 자료가
있으면 불필요한 검사를
줄일 수 있어요. 오히려
아이를 덜 힘들게 할 수
있지요.

그리고 알콩이는
이미 회복 중인 것
같은데요?

네?

흐억-
알콩아...

깍-

휙-

휙-

▶ 열경련 붉은 깃발 사인
좀 더 검사가 필요한 경우

① 15분 이상 지속될 때

② 경련이 몸의 일부에 있을 때

③ 경련 후 한쪽 팔다리에 힘이 없을 때

④ 24시간 이내 재발한 경우

⑤ 진찰 시 뇌 이상이 의심될 때

간소리다냥~

열경련

아이가 열이 날 때 가장 걱정되고 겁이 나는 열경련! 하지만 열경련은 대개 5분 이내로 끝나기 때문에 병원에 왔을 때 이미 경련이 멈춘 다음인 경우가 많아요. 그래서 엄마 아빠의 관찰이 아주 중요하답니다.

엄마 아빠들이 당황하여 기본적인 사항을 확인하지 못하는 경우가 많아요. 이 때는 의사들도 최악의 상황을 가정하고 추가 검사를 할 수 밖에 없지요. 아이가 열경련이 있을 때 쌈닥 선생님이 알려주신 세 가지를 꼭 기억하세요.

열경련이 있었던 아이들의 경우 열이 조금이라도 오르는 기색이 있으면 해열제를 먹이는 부모님들이 많은데, 해열제 사용이 열경련을 예방한다는 근거는 없습니다.[REF 16~17]

〈아이가 열이 나요〉 에피소드에 나온 해열제 사용 원칙에 따라 사용한다면 문제없어요.

열경련! 당황 금지 그리고 좌절도 금지!

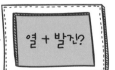

열 + 발진?

1. 돌발진

냥…
오늘이 열난 지
3일째균

꺄?

열이 올라 보챌 때는
해열제도 몇 번 먹였지…

해열제

첫째 때 같았으면
벌써 병원으로
뛰어갔겠지… 만!

난 이미
애가 셋이니라
닳고 닳았지

열 오를 때 빼고는 엄청난 에너지로
집 안 엔트로피를 올리고 있다. 😼

까ㅑ- 까ㅑ-

자놀며싸가
괜찮으니 하루만
더 지켜보자!!

끄덕-

응응!

다음 날

우리 삼순이 기분 좋네~

꺄륵 꺄륵

엥? 근데
얼굴이 왜 이래?

냐?

돌발진의 자연 경과

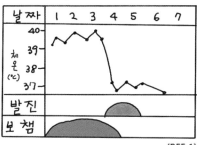

날짜	1	2	3	4	5	6	7
체온 (℃)							
발진							
보챔							

[REF 1]

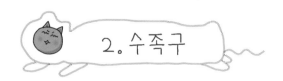

2. 수족구

앞으로 일주일 동안 전쟁이겠군하~

수족구는 여러 가지 바이러스가 일으키는 병이에요. 그래서 재발이 가능하답니다. [REF 2~4]

＊수족구 바이러스
엔테로바이러스 A71
콕사키바이러스 A16, A6, B 등
에코바이러스

수족구는 자연 경과 (Natural Course)가 비교적 잘 알려졌고, 후유증이나 합병증이 드물어요.

수족구의 일반적 자연 경과

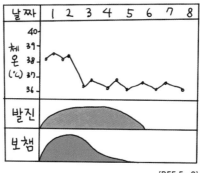

[REF 5~8]

엔테로바이러스나
콕사키A6에 의한 경우
증상이 심하고, 합병증도
생길 수 있어요.
[REF 9~14]

보통 2-3일 이내 증상이 좋아지지만,
아이가 물도 먹지 못하고 소변량이
줄어든다면 병원 진료를 봐야 해요.
[REF 15]

입이 아파 잘 먹지 못할 때는
차갑고 부드러운 음식을 주는 게
도움이 돼요.[REF 15]

헤헤-
입이 안 아푸다

실제로 이동이는
수족구 걸렸을 때
이틀을 아이스크림만
먹고 살았다능 …

크흡-

증상이 좋아져도 첫 일주일은
감염성이 높아 다른 아이들과
격리가 필요해요.

아마 야옹선생을
비롯한 직장 맘들이
아이가 수족구에
걸리면 가슴이 철렁할
거예요.

사실 홍역, 풍진, 수두 등
열과 발진을 동반한 질환은
예방접종을 비롯한
여러 노력으로 많이
줄어들었어요. [REF 16~18]

열과 발진이 동반되는
흔한 두 가지 질환의
자연 경과와 열발진의
붉은 깃발 사인을 알면
도움이 될 거예요.

아이의 아픔은 부모가
대신할 수 없지만, 아픈
시간을 같이 견뎌가다
보면 점점 덜 아프고 금방
회복하는 아이의 모습을
보실 거예요。

▶열 발진의 붉은 깃발 사인

[REF 19~23]

① 아이 상태가 안 좋을 때
   (자놀먹싸 점수 참조)

② 고열과 발진이 동시에 나타날 때

③ 열이 5일 이상 지속될 때

④ 발진이 가려움증이나 통증을 동반할 때

⑤ 관절통, 두통, 마비 등이 있을 때

우리 이동이
왔군요.

꼬꼬-

꼬꼬 쌘따니~
나 몸이 아파요~

엄청 반가워하는 中

저런~ 편도가
빨갛게 부었네요.

애는 감기만
걸리면 편도가
부어요.

아-

감기에 걸렸을 때
편도가 붓는 이유는 우리
몸의 최전방 기지라서
그래요.

우리는 매일매일 숨을 쉬고
음식을 먹어야 하잖아요?
어디로? 맞아요, 코랑 입으로요.

후-
하-

그러니 코와 입이 연결되는 목 부위에서
나쁜 녀석들이 들어오는지 감시하고
길목을 지키는 면역 기지가 있어야겠죠?
그게 바로 편도랍니다.

보통 편도 하면 목구멍 편도 두 개만
떠올리기 쉽지만, 잘 안 보이는 곳에
총 여섯 개 편도가 고리 모양으로
목을 지키고 있어요. [REF 1]

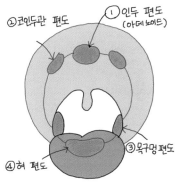

② 코인두관 편도
① 인두 편도
(아데노이드)
③ 목구멍 편도
④ 혀 편도

면역 기관인 편도는
만 네 살에서 열 살에
가장 발달하고, 이후엔
서서히 작아져요.

이둥이는
한참 발달할
나이죠.

헤헤-

← 만 3세

편도는 울퉁불퉁하게 생겼는데
움푹한 틈에 면역 세포인 B세포와
T세포가 많아요. [REF 1]

인두 편도염을 일으키는 원인은
바이러스가 50%, 세균이 20%,
30%는 먼지나 공해 등이에요.
세균 중에는 연쇄상 구균이 가장
흔하고 중요해요. [REF 2]

편도염에 항생제를 쓰는 이유가 바로
요놈 연쇄상 구균, 그중에서도 특히
그룹 A 연쇄상 구균 때문이죠. [REF 3~6]

이놈이 중요한 이유가 화농성염증을
심하게 일으켜 농양 같은 합병증을
일으키기도 하지만 …

더 큰 이유는 이놈이 심장 세포와
닮았기 때문이에요. [REF 7~10]

흠 ...
웃을 일이
아닙니다만 ...

아이고 배야~
세균도 얼굴뺄이라닛 ~

웃긴 거야?

이렇게 심장 세포와
닮은 GAS를 상대로
B세포가 항체를
만드는데, 이게 큰
문제가 되어요.

B세포가 심장 세포를
GAS로 착각하고 항체를
쏘아 공격하는 바람에
급성 류마티스열 (Acute
Rheumatic Fever)이라는
무시무시한 병을 일으키거든요.

저놈이
GAS가
분명하다!!
쏴라뮹

예써-

꺄악-
얘들아, 나야
심장 세포-

이 급성 류마티스열을 앓은 어린이의
65~72%가 심장판막 질환으로
고생합니다.[REF 11~12]

처 방 전

① 맛난 사탕
② 시원달콤 아이스크림

中 이동이가 원하는
걸로 주떼염~

목 아플 때 GAS가 의심되는 소견

[REF 13]

① 만 나이 5~10세

② 늦가을 ~ 이른 봄

③ 편도가 많이 부었을 때(고름 有)

④ 목에 1cm 이상 림프샘이 커질 때

⑤ 기침, 콧물, 목쉼, 설사 등의
   증상이 없을 때

⑥ 38~39.5도 열

잔소리다냥~

편도염

편도염일 때 항생제를 쓰는 이유는 GAS 때문이란 거 이제 아셨죠? 목이 아프고 자놀먹 싸 점수가 높으면 진료를 보고 적절하게 처방을 받는 것이 좋습니다.

목이 아플 때 소금물 가글, 사탕이나 아이스크림, 꿀차나 레몬차 등 따뜻한 차를 마시면 도움이 됩니다.[REF 14~17] 물론 돌 이전 어린이에게는 꿀을 주시면 안 되고, 사탕은 목구멍에 걸릴 수 있으니 큰 아이에게만 주의해서 주세요.

1. 귀지 파기

고막에서 바깥쪽으로 피부 세포들이
점점 이동하거든.

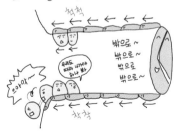

그리고 귀지는 귀를 보호하는
역할을 해. 귀에 이물질이나
세균, 물이 못 들어오게 하거든。

[REF 3~4]

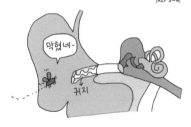

아고고-
왜 이리 안파지냐?

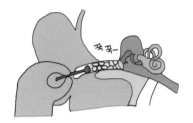

꾹꾹-

이렇게 귀지가 고막 가까이
쌓이면 귀도 잘 안 들리고
통증이나 이명이 생길 수도 있어.

[REF 6]

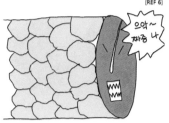

으악~
짜증 나

그니까
제발 가만히
있는 구멍은
건들지 말자-

응? 응?

2. 급성 중이염

@ 쌈닥 의원

정상적인 고막은 흰색에 가까운 색이에요. 그리고 불을 비추면 반짝이는 부위(cone of light)가 있죠.

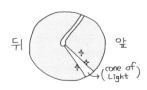

급성 중이염은 고막 안쪽에
세균 혹은 바이러스 감염이
생겨서 고름이 차는 병이에요.

[REF 7~8]

그래서 내시경으로 보면
고막이 밖으로 볼록하게 부풀고
뒤쪽으로 고름이 찬 모습이 보여요.

뒤   앞

→ 볼록 튀어나옴

정상적으로는
볼록 귀울어
오다

cone of
Light도
없어짐

중이염은
90%가
세균성이에요.
[REF 9~10]

헐… 그럼
항생제 먹여야
하나요?

음… 꼭 그렇진
않아요.

증상이 심하거나
양쪽 다 염증이 있거나
24개월 이하 어린이라면
항생제를 써야 해요.

다르게 말하면
① 24개월이 지난
② 한쪽만 염증 있는
③ 많이 아프지 않은
경우엔 안 써도
되죠. [REF 11~17]

이동이한테 한번
물어볼까요?

우리 이동이
약 말고 이거
먹을까?

선생님이
아끼는 거야

헛!

야 호-

그래...
맛있게네~

차마
말 못 혀...

엄마 -
꼬꼬 썬때니미가
사탕 줬다?

맛있게찌?

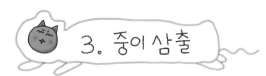

3. 중이 삼출

저번에 이동이가 귀에 물이 찼는데 중이염은 아니라고 하셨잖아요~ 그건 뭐죠?

오! 고것은 중이 삼출 혹은 장액성 중이염이라고 하는 거예요.

내시경으로 보면 이렇죠.

튀어나오지 ✕

거의 정상 고막 색깔

노란색 or 투명색 맑은 액이 차 있음

cone of Light 보임

중이 삼출이야말로 지켜보기 치료가 꼭 필요한 경우죠.

256

특별한 경우가
아니면 3개월
지켜보면 거의
좋아지거든요 ~
[REF 18~19]

꼬꼬꼬―

아시죠?
지켜보기
치료법?

고럼
고럼요~

짝!

꾜욱―

잔소리다냥~

중이염과 중이 삼출

아이들이 항생제를 처방 받는 가장 흔한 질환이 바로 중이염이에요. 그럼지만 중이염이라고 꼭 항생제를 먹어야 하는 것은 아니에요. 심하지 않은 급성 중이염과 청각 저하, 언어 발달 장애를 동반하지 않은 중이 삼출은 지켜보기 치료가 답이에요. 아이의 건강을 위해서나 항생제 내성을 막기 위해서도 지켜보기 치료는 꼭 필요합니다.

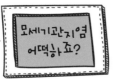

모세기관지염
어떡하죠?

열이 나고
기침, 가래, 콧물에···

콜록-
콜록-

쌕쌕거리는 삼순이-

쌕-
쌕-

음···

쌕쌕거림! 빠른 호흡! 폐의 과팽창!

두둥-

모세기관지염
입니다. [REF 1~2]

모세기관지염?
일·이동이 때는
겪어보지 못한 그것!!

입원해야 하나요?

가능하면
집에서
치료하고
싶은데요…

증상이 심하거나
집에서 제대로
돌볼 상황이 안 되면
입원해야 해요.

[REF 3~5]

자놀먹싸는
어떤가요?

열날 때 보채고,
코가 막혀 잘 못 자고,
먹는 건 그럭저럭,
싸는 건 괜찮구요.

호흡기 치료가 필요한 경우는
크게 네 가지 정도예요. [REF 9~11]
① 모세기관지염이 반복될 때
② 돌 이전 아이
③ 증상이 심한 경우
④ 천식이 의심될 때
 (아토피, 천식 가족력)

그 이외 경우엔
도움이 된다는
증거가 없어요.

부작용도 있고
비용도 들고요

네 가지 경우에도
호흡기 치료를 지속해야
하는 것은 아니고,
시험 사용 후 증상 호전이
있을 때만 지속해야
해요.[REF 12]

불안한데…

그럼 집에 가서
어떻게 해야
해요?

모세기관지염일 때 중요한 것은
탈수 방지와 산소 공급 이에요.

물을 충분히
마시게 해주시고
소변을 체크하세요.
가벼운 탈수에는
ORS 아시죠?
[REF 13]

원활한 산소 공급을 위해서
콧물을 적절히 빼주세요.

옳지 옳지

쿵쿵-

식염수나
스프레이로
콧물을 묽게
만들고
콧물 흡입기로
빨아들여요.
[REF 14]

사실 요로케 생긴
흡입 주사기가 하나 있으면
콧물 뺄 때 유용하지만,
콧물 흡입기로 대체해도
좋아요.

콧물 ↴
흡입기

하알크 ~
알흠답도다 ~
탐나눈구나 ~

콧물 제거는 중요한
치료예요. 식사 전과
재우기 전에
콧물을 빼주세요.
식후에는 토할 수도
있으니 피하시구요.

갑자기 호흡곤란이 생긴 경우엔
응급실로 가거나 119에 신고해야
해요.[REF 15]

호흡곤란 사인

① 호흡을 멈춤
② 얼굴이 파래짐
③ 호흡이 빠름
④ 끙끙거리며 숨을 쉼

호흡이 얼마나
빨라야 빠른거죠?

지금도 좀
빠른 것 같은데...

후
후

아이들은 원래
호흡이 좀 빨라요.
6개월에서 돌 전 아이는
분당 55회 이상,
돌 지난 아이는
분당 45회 이상이면
빠른 거예요.

[REF 3~4]

119가 도착할 때까지 기다릴 때는
샤워기로 뜨거운 물을 틀어 습기를
보충한 후 아이를 세워 안고
진정시켜 주세요. [REF 16]

괜찮아
아가~

토닥
토닥

아이 몸이 30도 각도로
기울어진 상태로 목이 뒤로
약간 젖혀지게 안으면
호흡이 편해져요. [REF 17]

모세기관지염은 첫 3일이
중요하니 3일 동안 잘
지켜보셔야 해요. [REF 17]

네-
네-

잔소리다냥~

모세기관지염

모세기관지염은 보통 바이러스에 의해 발생하는 질환이에요. 콧물로 시작해서 2~3일째
하기도 감염 증상이 발병하여 3~5일 사이 가장 증상이 심하고, 이후 서서히 좋아지는 경
과를 보여요. 탈수나 호흡곤란이 동반되면 입원 치료가 필요하죠.

콧물 제거는 별거 아닌 듯해도 산소 공급에 중요하고, 엄마 아빠가 지속적으로 해주어야 하
는 치료법이에요. 오히려 기관지 확장제 치료는 필수 치료가 아니고요. 모세기관지염이 잦
은 아이라면 좋은 콧물 흡입기 하나 장만하시는 것도 좋은 방법이랍니다.

쌕쌕쌕
천식일까?

이동이 기침 3일째

콜록-
클록-

혈~ 이동이 숨소리가
쌕쌕거리네?

와~

기침 빼곤 괜찮지만
걱정되니 병원에
가봐야겠다.

나도 해볼래

🏥 @ 쌈닥의원

우리 이동이 숨 크~게 쉬어볼까요?

흠···

네

어떤가요? 혹시 천식인가요?

글쎄요 ···
일단 폐에서 쌕쌕 소리가 들리긴 하네요.
혹시 이동이가 아토피가 있나요?

자랑 자랑~

네! 있어요. 엄마, 나 아토피 있지?

으응··· 있지.

혹시 아동 어머니가 담배를 피우거나 천식이 있어요?

아뇨- 천식도 없고 담배도 안 해요

보통 부모님들이 쌕쌕거리는 아이들은 다 천식이라고 오해하시는데 그렇지는 않아요. [REF 1~3]

만 6세 이전 아이들의 경우 어른에 비해 폐의 크기가 작고 기관지도 좁기 때문에 바이러스 감염 시 기관지가 더 좁아지면서 쌕쌕 소리가 날 수 있어요. [REF 4]

예를 들면 모세기관지염에 걸렸을 때 쌕쌕거리는 것이 그런 경우죠.

이것은 기본적으로 어른과 어린이의
폐 크기와 기능 차이에 의한 것이라
크면서 대부분 좋아져요.

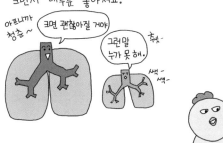

아프니까 청춘~
크면 괜찮아질 거야
그런말 누가 못해.
휴~
쌕-
쌕-

보통 3세 이하
아이 1/3 정도가
쌕쌕거림을
경험한다고 해요.
[REF 5~6]

천식은 알레르기 성향이 있는
아이가 호흡기 감염이나 공해 등의
유발 인자로 인해 기도에 염증과
수축이 발생하는 거예요.

감염 공해
치지직-
아토피 천식 가족력
쾅-
천식 발작

그래서 쌕쌕거림이

① 늦게 시작될수록

② 심할수록

③ 알레르기 성향이 높을수록

꼬-
꼬-

④ 담배나 공해 노출이 많을수록

⑤ 만 1세 이전 감기에 자주 걸릴수록

나중까지 천식으로 이어질
가능성이 높아요.

[REF 7~19]

우리 이동이는
알레르기 성향이 있지만,
증상이 심하지 않고
이번이 처음이니 감기 조심하고
지켜보세요. [REF 20~21]

헤헤 -

보통 만6~7세 때
증상이 심한 정도에
따라 예후가 결정되니
그때까지는 봐야죠.
[REF 20~24]

에고 -
언제까지
지켜봐야 하나요?

그리고 집에서
개나 고양이를 키우면
천식에 보호 효과가
있으니 이동이는
괜찮을 겁니다.
[REF 25~26]

저기요?
제가 이동이를
키웁니다만?

와 -
엄마 키워서
괜찮을 테 -

Q 1. 너무 깨끗하게 크면
알레르기가 생긴다던데?

오호~ 첫 질문부터
흥미롭네요.
위생 가설(hygiene hypothesis)
이라고 하죠, 아마?

2014년에 발표된
한 연구에서 재미난
사실이 나타났어요.
[REF 27]

아이 560명을 대상으로
집 안 위생과 알레르기
연관성을 봤더니 돌 전에
먼지나 세균 노출이
알레르기를 낮추는 효과가
있었다네요.

하하하~
위생 가설 만세~

끼야아~

꼬질
꼬질

그렇지만 3세 미만까지 먼지에
지속적으로 노출 시엔 오히려 알레르기나
쌕쌕거림이 증가했어요.

콜록~
콜록~

어쩌란 겨~

이외에도
장내 유익균과
알레르기 질환의
관련성이 여러
연구들을 통해
드러나고 있어요.

[REF 28~31]

Q 2. 천식을 예방하려면?

음~
중요한 질문이군요.

아토피, 알레르기 비염, 천식 등이
있는 부모님들은 임신기부터
주의해야 해요.

아가~
아빠가
알레르기라
미안해~

그냥
배거덩~

엄마 아빠의 금연
건강한 식단
강한 향수나 스프레이제
쓰지 않기
프로바이오틱스 섭취
반려견·반려묘 키우기

[REF 32~41]

이미 태어난 아이라면 자연에서
많이 뛰어놀게 해주세요.

비염엔
코 세수

냐하하ー

따사로운 태양!

산들거리는 바람~

냐하하

그리고 물이 오른 꽃망울

냐하하ー

봄이다냥~

··· 에서 날리는
이놈의 꽃가루!

에
추

까악ー

드러워ー

먼저 30cc 짜리 주사기랑
생리식염수를 준비해야 해~
약국에 판단다~

적당량을 깨끗한 그릇에
덜어서 주사기로 빨아들이면···

이제 일동이 차례…

콧구멍이 위로 향해 있다고 위로
쏘면 안돼. 콧구멍은 뒤통수를
향해 뚫려 있어서 수평으로 쏴야 해.

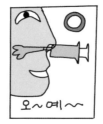

진득진득 코딱지 때문에
움짝달싹 못 하던 내 섬모들이…

물결치듯 춤을 춘다!

알레르기 비염

알레르기 비염은 가족력을 포함하여 너무 어려서 항생제를 사용하거나, 신생아기에 엄마가 담배를 피우거나, 집 안에 집먼지 진드기 같은 알레르겐(알레르기를 유발하는 물질)이 많은 경우에 발병 위험이 높다니 예방할 수 있는 것들은 예방하면 좋겠죠?[REF 1~3]

코 세수(혹은 코 세척)는 혼자서 충분히 할 수 있는 아이에게만 알려주시고, 어린아이들에게는 식염수 스프레이를 사용하는 게 안전합니다. 코 세수를 할 때 식염수를 체온 정도로 따뜻하게 데우면 더 효과적이에요. 한 콧구멍에 어른은 200cc 정도, 아이는 100cc 정도가 적당하답니다.

코 세수를 하면 코점막의 알레르겐과 분비물을 제거하여 점막 섬모를 춤추게 만든답니다.[REF 4~6] 이 섬모가 활발하게 춤을 추고 촉촉하게 유지되어야 코 건강이 유지되니 하루 한 번 코 세수로 섬모를 춤추게 만들어주세요~

아 참! 코 세수용 주사기는 개인마다 따로 써야 해요. 그렇지 않으면 다른 사람의 콧속 세균이 옮을 수 있어요. 사용 후 깨끗이 세척하고 주기적으로 새것으로 바꿔주세요.[REF 7]

건조하면
가려워요

오잉?

힝-

냥으쩍~

자기야?

왜~

획-

폭-

췟! 안 그래도
우울하구만. 남편
있어도 소용없어

흥!

왜 우울한데?
얘기해봐~

있지~

얼굴에 베개 자국이
저녁까지 안 없어져서
다시 보니까 주름인 거야…

어 그래?

어떡해~
나도 이제
아줌마가 되려나 봐.

그거야
10년 전부터
아줌마였지~

흑•••

해맑

이제
살기 싫은가
보지!?

꾸엑-
쏘리쏘리-

아이쿠-

자기 내가
주름 따위는
신경도 안 쓰이게
해줄까?

머지?
머지?

일동아~
이동아~
이리 좀 와볼래?

형아 형아~

에~

머야~
선물이라도
주는 거얌?

자~ 엄마한테
그것을 보여드리렴~

크림은 너무 뻑뻑해서 바르기 힘든데~

로션은 수분이 증발하면서 피부를 건조하게 해.[REF 4] 너무 뻑뻑하면 크림이랑 오일을 섞어.

바셀린은 어때 써? 이건 더 뻑뻑하고 끈적하고 기름진데

바셀린이 얼마나 유용한데

피부를 위해 두 가지만 고르라면 자외선 차단제와 바셀린이란 말이 있지.

에휴-

임신했을 때 프로바이오틱스 좀 먹어둘 걸. [REF 5~7] 애들 신생아 때 크림도 열심히 발라주고. [REF 8~9]

프로바이오틱스? 신생아 크림은 왜?

임신 기간에 프로바이오틱스를 먹고, 신생아 때 크림이나 오일을 꼼꼼히 발라주면 아토피피부염 예방에 도움이 된대.

냐하하 자유다 자유~

이것이 바로 고수의 자세지!!

살랑살랑

요샌 혼자 조용히 있는 시간이 가장 필요한 선물이죠.

아시죠?

참 혹시 아토피 예방 목적으로 프로바이오틱스를 찾으시나요?

프로바 이오틱

지금까지 아토피 예방 효과가 반복적으로 입증된 것은 Lactobacillus rhamnosus GG(LGG)가 포함된 복합제 랍니다.

꼭 LGG를 확인하세용~

프로바이오- LGG •••

아토피

아토피가 있거나 가려움증을 호소하는 어린이에게 가장 중요한 것은 무엇일까요?
바로 보습입니다. 가벼운 아토피는 크림, 바셀린, 오일 등으로 피부를 촉촉하게 유지하면
대부분 조절이 된답니다. 이때 되도록이면 첨가물이 적게 들어간 제품을 고르는 것이 좋
아요.
아토피에 좋다는 것이 많지만, 정작 가장 기본적인 것을 잘하고 있는지 확인해봐야 해
요. 어른들도 마찬가지여서 뜨거운 물과 비누 사용을 최소화하고, 크림이나 오일을 적절히
사용하면 주름도 천천히 생겨요.
우리 모두 건강하고 촉촉한 '꿀피부' 만들어요~

오늘 그대들에게
눈에 대한 엄청난
정보를 알려주겠다.

어린이뿐 아니라
어른들에게도 그러하다.

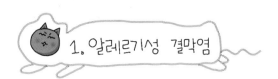

1. 알레르기성 결막염

나는 알레르기성 결막염이 있다.

엄마!

빨갛고 가렵고 눈물이 난다.

당신도 알레르기성 결막염 환자라면
냉장고를 잘 활용하라.

냉장한 인공 눈물이 가려운
그대의 눈을 구하리라~

차가운 인공 눈물을 수시로
눈에 넣으면 알레르기 유발
물질은 씻겨 나가고 가려움도
좋아진다.[REF 1]

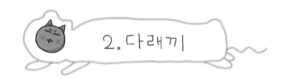

2. 다래끼

빨갛고 가려운데 눈알이
아니라 눈꺼풀이라고?

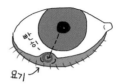

요기 →

자세히 보니 뭐가 볼록하게
튀어나왔다고?

흔히 다래끼라고 부르는 녀석이다.
눈꺼풀에 있는 기름샘이 막혀
세균 감염이 발생한 거다.

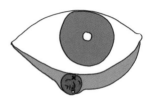

무엇이든 막히면 탈이 난다.

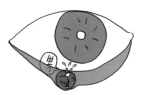

그럴 땐 오히려 열이 필요하다.
따뜻한 물수건을 올리고 지그시 눌러주라.
[REF 2]

이렇게 하면 막혔던 길이
뚫려 염증도 가라앉는다.

3. 눈물의 비밀

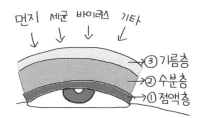

눈물은 눈알을 매끄럽게 해주는 ① 점액층과
양을 담당하는 ② 수분층,
눈꺼풀을 깜박일 때 들러붙지 않고
부드럽게 해주고 눈이 건조해지지 않게 하는
③ 기름층으로 구성된다. [REF 3]

너무 울면 눈물 콧물 다
나는 이유를 아는가?

그건 눈물이 코로 빠져나가기
때문이다. [REF 4]

별 이유 없이 눈물이 난다면
코와 눈 사이를 하루 2~3회
3초간 지그시 눌러 보라. [REF 5]

여기가 뚫려야
눈물이 배출된다

사나이는 울면 안 된다지만
사실 눈물은 좋은 거다.

슬프거나 아플 때 실컷 울면
기분이 나아진다. [REF 6]

그러니 눈물이 난다면
실컷 울어라!

마지막!

눈에는 손대지 말자.

니 눈도 내 눈도

트랜스포메이션~

뚜러뽕 메쏭~

트랜스포메이션!
이거야~

영어도
모르냐?

알아 영어!

아니야~
뚜러뽕메쏭이야!

흐르는 수돗물에 비누로 상처를
씻으면 세균이나 먼지가 떨어져요.

[REF 1~2]

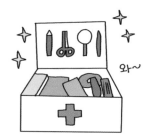

어디 보자~ 반밀봉 드레싱을 해야 하는데~

반밀봉?

낭밀감?

오잉? 밀봉을 왜 해? 상처에 공기가 잘 통해야 낫는 거 아니야?

이론이론~ 이 사람 상처에 대해선 **1**도 모르는구만~

도리 도리-

반밀봉 드레싱은 일명 습윤 드레싱이라고도 하지. 첫째도 수분! 둘째도 수분! 수분 유지가 상처 치료의 **기** to the **본** [REF 3~5]

세포라는 아이는 말이지~
수분이 있어야 움직이고 살 수 있어.
수분을 통해 물질도 교환하지.

게다가 상처 난 세포에서
분비되는 액체에는 치료에
엄청 도움이 되는 물질들이
농축돼 있다규.[REF 6]

그걸 공기 중에
말려버리거나 빡빡
닦아내는 건 상처 난
세포를 두 번 죽이는 겨~

오호~ 그럼 동물들이
다친 데를 혀로 핥는 것도
수분 유지를 위해선가?

그…그건
몰겠네

아파~

어쨌든 습윤 드레싱도 종류가
많으니까 설명해줄게. 일단
우리 집에 있는 것들 위주로
볼까나?

간만의
주연에
신났음

먼저 가장 흔히 쓰는 밴드부터
볼까? 작은 상처는 사실
밴드만 붙여도 충분해.
그치만 큰 상처나 굴곡이 심한
부위, 움직임이 많은 부위의
상처는 다른 드레싱이 필요해-

야옹 밴드

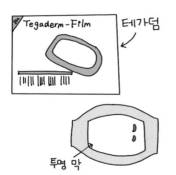

테가덤

투명막

이건 테가덤이라는 제품인데
얇고 투명한 막으로 돼 있어서
필름(Film)이라고도 해.

굴곡 심한 곳

요런 데

많이
움직이는
곳

아주 작은 구멍이 있어서
공기나 수분은 통과하지만
세균이나 먼지는 차단해.

간혹 안에 거즈를 대고
테가덤을 그 위에 붙이는 경우가
있는데, 그건 테가덤에 대한
예의가 아니지~
단점은 진물이나 고름이 많으면
흡수가 안 돼서 사용이 힘들어.

이건 메디폼이라는 건데
테가덤 같은 필름에
진물 흡수를 위한 폼을
합친 거야.

요것도 좋은데 불투명해서
상처 확인을 위해 자주 갈아줘야 해.
그리고 가격도 비싸.

요놈은 듀오덤이라는
하이드로콜로이드 제품이야.
이건 수분도 유지하지만,
콜로이드 성분이 세균이나 고름을
흡착해서 드레싱을 바꿀 때
같이 제거해줘.

보험 적용도 안 되고
비싼 습윤 드레싱!
쉽고 저렴하게 하는 방법 아시나요?
바로 집에서 굴러다니는 연고를
이용하는 방법이죠.

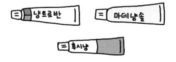

상처용 연고가 없으면 바셀린도
괜찮아요. 이것들을 듬뿍 바르고
거즈로 덮은 뒤 종이테이프로
고정하면 끝~! 간단하죠?
그래도 효과는 충분하답니다.

상처는 촉촉하게 • 311

일동이의
소원

학교
다녀왔슈-

오냐~
다녀왔느냐~

엄마, 생각해봤는데~
나는 나중에 나보다
나이 많은 여자랑
결혼해야겠어.

후비적-
후비적-

코쿄쿄-

귀여운 녀석-
맘에 드는 누나가
있는 거냐?

오늘 선생님이
여자가 남자보다
오래 산대.

그게 아니라~
NO
NO

그, 그래서?

오래 살고 싶은 건
8세도 마찬가지~

자연주의 육아를 위한
면역 이야기

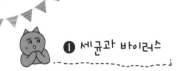

일단 오늘은 세균, 즉 박테리아와
바이러스가 어떻게 다른지 알아보자.

나 세균-

나는
바이러스-

요로코롬 생긴 거 아니가?

우리 몸이 수많은 세포로 이루어진
건 알지? 그런데 세균은
세포 하나로 이루어진 생물이야.
먹고 숨 쉬고
번식도 하고,
살아 있지.

그런데 우리 몸의 세포와
다른 점이 있어.
일단 세포 내부가 좀 정리가
안 돼 있어. 대충 생겼달까?

뭐라고?

니도
정리된
얼굴은
아니거든!?

우리 몸의 세포는 진핵세포라고
해서 핵도 핵막에 예쁘게 싸였고,
정리가 잘돼 있어.

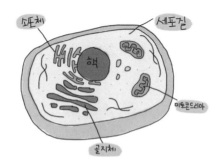

소포체
세포질
핵
미토콘드리아
골지체

그에 비해 원핵생물인 세균은 우리 집
스타일이랄까? 핵막도 없고 이건 뭐 그냥
복제도 설렁설렁~

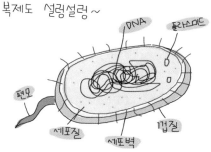

근데 안에는 대충인 녀석이 사람 세포와
다르게 자기 몸 주위어 벽을 꼼꼼히
만들어놓은 거야.

이걸 세포벽이라고 하는데,
나중에 다시 얘기하겠지만 항생제의
중요 공격 포인트 중 하나야.

세균보다 대충 생긴 녀석이 바이러스야.
생물계의 피카소랄까? 아주 기하학적인 존재지.
DNA 혹은 RNA와 그걸 둘러싼 단백질 껍질이 전부야.

너무 단순하다 보니 혼자서는 아무것도 할 수가 없어.
번식도 다른 세포 안에 들어가서 그 세포의 인프라를
이용해 자신의 유전자를 복제하는 기생적 존재야.

사실 바이러스가 먹지도 숨 쉬지도 않고 유전정보만 전달하기 때문에
'생명체란 무엇인가' 정의하는 방법에 따라 생물과 무생물을
오가는 상태야.

세균하고 바이러스가
다르다는 거는 알겠는데,
그래서 우쨌다는 기고?

세균과 바이러스의
차이점이 큰 만큼
치료도 달라진다는
얘기지.

우리가 흔히 항생제라고
부르는 약은 세균에만 효과가
있거든. 바이러스 감염에는 전~혀
효과가 없어. 물론 항바이러스
약물도 있지만, 항생제와는
완전히 다른 약이야.

오호! 이제 알겠다.
그니까 세균 감염에는
항생제, 바이러스 감염에는
항바이러스제를 쓰면
되겠네~

그니까네
감기에는 항바이러스제를
써야 한다~ 그 말이제?

324

당신은 궁금해하고 있다.

기승전 면역의 시대니까!

아님 말고 ~

근데 언니 니도 입맛 참 특이하데에 맛있는 거 다 놔두고

냥냥- 마카롱은 역시 고추냉이징~

고추냉이가 맛있나?

마카 마카

홍삼? 비타민? 아연?

근데 뭐 먹으면 면역력이 높아지노?

머냥? 어제 안 궁금하다고 도망간 사람이 갑자기 왜?

참참~

아니 그게~ 어제 집에 가서 테레비를 보는데 온~ 데서 다 면역이 어쩌고 그라드라꼬.

암도 면역으로 치료한다 카등가

흠… 그래, 중요하지 면역.

달래야 ~
나는 면역이 무엇이라
생각하느냐?

에헴 -

면역이 면역이지 -
그 무슨 선전에 나오는 거
맨치롬 보호막이 착 쳐지는 거
아닌가베. 세균도 다 팅가내공.

댕 -

팅 -

세균을 다 팅겨낸다닛 -
니가 진짜 면역을 알면
깜놀 하겠구나 ~

머꼬? 머꼬?
머가 그래 웃기노?

아고 배야 -

냐하하 -
냐하하 -

힝 -

그럼 이제부터 진짜 면역이 무엇인지 알아보자. 자! 일단 눈을 감고 몸속 나라를 상상해보자.

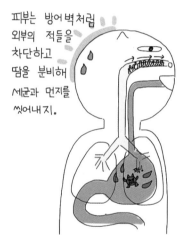

피부는 방어벽처럼 외부의 적들을 차단하고 땀을 분비해 세균과 먼지를 씻어내지.

호흡기의 섬모들은 끊임없이 이물질을 밖으로 밀어내고

위에서는 분비된 위산이 음식물에 섞여 들어온 세균을 죽이고 있어.

그리고 피 속에는 백혈구들이 순찰을 돌지. 진짜 돌아~ 백혈구가 뭔지는 알지?

크크크. 백혈구가 순찰을 돈다꼬?

당연히 알지~
흰 백 피 혈 공 구!
흰색 피세포 아닌가베.
이차돈이 백혈병이라서
흰 피를 흘렸다카든가
우짜든가?

白 血 球
요래 쓴다 아이가?
이래 봬도 한자 3급

오~ 제법인데?

백혈구는 우리 몸의 면역 기능에 핵심
역할을 하고 있어. 백혈구에도 몇 가지
종류가 있으니까 간단히 알려줄게-

와구
와구

대식
APC

먹고 있는데
배가 고파-

찹찹

먼저 뭐든
먹어 치우는
대식세포

세포 속에 살균 과립을
갖고 다니는 호중구,
호산구, 호염구 등의
과립구

피가 아닌 피부나 코, 폐, 위와 장 같은
외부와 접촉하는 최전방 조직에서
적들의 침입을 감시하는 **수지상세포**

냉혹한 킬러, 우리말로 자연살생세포,
NK(natural killer) 세포.

그리고 사령관 격인 **림프구**(T세포와 B세포)가 있지.

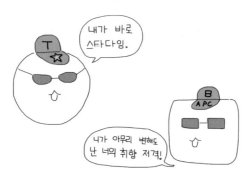

자~ 다시 몸속 나라로 돌아와서
평화롭던 나라에 피부 상처가 생겨
세균들이 침입한다고 생각해보자.

우리의 충실한 파수꾼 수지상 세포는 침입해 들어온 세균과
이물질을 감지하고 주변 세포들에게 뻐끔뻐끔 SOS를 날리겠지.

외부의 적에 의해 활성화된 백혈구는 주변의 다른 백혈구를 불러 모으고 혈관 벽의 문을 열어 혈액이 조직 안으로 들어오게 만들어.

이렇게 다친 부위에 혈액과 세포가 몰려 빨갛게 부어오르고 아파지는 것이 바로 염증이야.

오호~
그래서 다치면
막 벌~겋게
부어오르는갑네~

신기 하데이~

ㅡ코 잔다

고뤄 취~

이렇게 피부나 점막, 섬모, 위산, 땀 등의 분비물, 수지상 세포, 대식세포, 과립구 등이 외부의 적을 막아내는 과정이 바로-

면역!! 인 가벼?

이차도 있나?

빙 to the 고! 면역 기능 중에서 일차적인 부분인 내재 면역이야.

이제 척척이네

내재면역은 선천면역이라고도 하는데 말 그대로 태어날 때부터 갖고 태어나. 어떤 적이든 상관없이 똑같이 공격해. 근데 우리 몸은 여기에 만족하지 않고 적의 특성에 따라 공격과 방어를 바꿀 수 있는 후천적인 면역 기능이 있지.

대~박 내 몸에 그런 기능이 있다꼬?

이 특별한 면역 기능이 바로 획득면역이야.

백혈구도 매일 공부하는데 우리도 공부 좀 해야겠지? 이제 진짜 시작이야.

학이시습지 불역열호!

❸ 획득면역

자- 이제부터는 획득면역에 대해 얘기해줄게. 좀 어려울 수도 있지만 제대로 이해하면 정말 재밌고 신비한 얘기야.

암- 그렇고 말고-

먼저 면역의 가장 기본 전제는 누가 적이고 누가 아군인지 아는 거야. 그게 안 되면 제대로 된 면역이 아니지.

예를 들어 적을 친구로 착각한다거나 …

친구야~ 너 얼굴이 왜 이래? 혹시 어디 아파?

대식 APC

카카- 암세포

아프냐고? 이보다 좋을 순 없지.

반대로 아군을 적군으로 착각하는
경우에 병이 생기는 거야.

저놈이
우리를 공격하려고
숨어들었구만!!
쏴라ー!

Yes!
Fire!

두두두ー

꺄아ー
우유 살려ー

MILK

오~
그라고 보니까 궁금한 게
생겼다. 백혈구들은
몸에 들어온 게
적인지 우째 아노?

누가 갈차주나?

그 궁금증을 해결하려면 림프구에 대해 좀 더 알아야 해. 아까 림프구들이 사령관 급이라고 얘기했지?

림프구들은 사령관 역할을 위해 특수 사관학교에 다녀야 해. 거기서 림프구의 기본 소양을 익히는 거야.

자자- 오늘 배운 데서 시험 나온다잉~

집중!

탁!

나쁜놈

세균학 진짜 지겹지 않냐?

졸지

우리 수업 째고 적혈구 들이랑 산소나 한잔할까?

림프구 중 흉선(Thymus) 사관학교를 졸업하면 T세포가 되고···

앞으로 이거라 이 몸을 부탁하네

면! 역!

흉선

T

338

골수(Bone marrow)사관학교를
나온 림프구는 B세포가 되는 거야.

나 B세포는 특수
무기(항체) 제작과
저격을 담당하지.

나는 슛슛슛 -
너는 홋홋홋 -

T세포에는 이상세포를 감시하고
죽이는 킬러 T세포와 외부 적에게
대항해 면역 세포를 지휘하는
헬퍼 T세포, 억제(Supressor) T세포가 있어.

내가
헬퍼

워-
워-

아이고 두야~
누구를 백혈구 박사로
만들라카나~?

필요한 것만
얘기해대~

헐~ 뭐냥?!
자기가 궁금하다고
물어봐 놓고!

흠흠… 쑥스럽구만.
어쨌든 다시 면역 이야기로
돌아와서 이제 드디어 MHC
이야기를 해야겠군.

MHC(Major Histocompatibility
Complex)는 우리말로 주요 조직
적합성 복합체라고 하는데,
간단하게 단백질 전시대라
생각하면 돼~

MHC에는 MHC I과 MHC II
두 가지가 있는데, MHC I은 모든
세포에 다 있지만 MHC II는
일부 세포에 있어.

MHC I   MHC II

대충 요렇게 생겼다고
생각하면 돼.

MHC I 얘기부터 해줄게.
MHC I은 세포 내 단백질
전시대라고 보면 돼.

모~든 세포들은 이 MHC I
위에 세포 안에서 만들어진
단백질 조각을 올려서
전시해야 해.

나는야 모범 세포-

오늘도 정상 단백질을
잘 만들어서 보람차다

너무하지 않냐?

나는 단백질
만드느라
야근했어.

세포 1

세포 2

그렇게 전시하고 있으면
킬러 T세포가 수시로
확인하러 다닌대.

아주 매력덩이
세포장 -

세상에 아름답지 않은 단백질은 용납할 수 없어요~ (단호박)

나란 세포 그런 세포

언니가 MHC I 에 얽힌 얘기를 하나 해줄까? 옛날 세포 하나가 있었는데, 킬러 T세포를 짝사랑했대.

그 세포는 아름답고 건강한 단백질을 MHC I에 전시해서 킬러 T세포를 기쁘게 하는 것이 가장 큰 행복이었어.

오~ 뷰리풀~

흠… 럭셔리하고 엘레강~스한 게 딱 내 스타일이에요~

T세포님~ 나 오늘 이런 거 만들었다요?

이쁘죠?

반짝

반짝

그러던 어느 날 그만
바이러스에 감염되고 말았어…

MHC I이 없거나 이상한
세포는 NK 세포가 조용히
처리해버린다네.

❹ 항체

대식이랑
수지 닮은 아랑
B세포 맞제
？？

근데 궁금한게
있는데~ 백혈구 중에
APC 라고 적혀 있는
아들은 뭐꼬?

오~ 우리 달래
겁나 예리하다잉~

언니가 딱 그
얘기할라 했는데.
APC와 MHC Ⅱ!

MHC Ⅰ이 모든 정상 세포에
있는 건 알지? 세포에서
만든 단백질을 보여주는 것도?

알지,
알아

MHC II는 반대로 외부에서 얻은
단백질을 보여주는 장치이고
APC (antigen presenting cell),
우리말로 항원 전시 세포에만 있어.

자, 그럼 피부에 상처가 난
몸속 나라로 돌아가 보자.

APC인 수지상 세포는 내재 면역을
활성화한 다음, 가까운 림프샘으로
이동해.

사령관인 헬퍼 T세포의
총동원령이 내려지면 백혈구의
수가 늘어나고 염증도 심해져。

그리고 헬퍼 T세포도
수가 늘면서 분화가 일어나.

헬퍼1 T세포는 킬러 T세포에게
정보를 공유하고, 킬러 T세포는
대식세포를 활성화해.

그리고 헬퍼2 T세포는
항체 제작의 달인 B세포를
찾아가는 거야.

한번 적은
영원한 적!!

후훗, 어떤
세균인지
재수 없게 됐군.
우리 B세포에게
걸린 이상 끝이다.

척-
척-

항체를 맞으면
우째 되는데?

밀단 둘러싸니까
우리 세포를 공격할
수가 없고,
대식세포한테
더 잘 잡아먹히지.

오악~
이게 머야?
움직일 수가 없잖아!!

피웅

피웅

푸슝-

아~

맛있겠돠~

항체소스-

림프구들은 한번 들어온 적은 문신처럼 기억하고 있다가 다음에 같은 적이 들어오면 훨씬 빠르게 대처한대.

그래서 증상이 없거나 덜하지.

그라모 빡세게 막 공부를 시켜 갖고 림프구가 나쁜 놈을 기억하게 만들어야 된다 그 말이가?

그렇지! 이런 학습 면역, 즉 획득면역을 활용한 것이 바로 예방접종이고.

그래서 예방접종도 2차, 3차 반복하지.

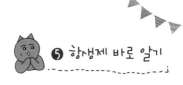

국물은?
육개장 좋지~

오케이-
계약 성사
유갓미!

척-

육개장 -
삼십 분만 내라

우쨌든
항생제는
독한 약이라서
안 쓰는 게 좋다는
말 할라는 거
아이가?

아냥 아냥-
그게 아니고
오히려 아~주
소중한 자원이라서
아끼자는 말이야.

댓츠 노노-

물론 체내 유익균을 죽이는 등
부작용도 있지만, 나한테
항생제가 없던 시절로 돌아가라면
끔찍할 거 같애.

조지 워싱턴 미국 대통령이
세균성 인후염에 걸렸을 때
주치의가 어떻게 했는 줄 알아?

헐~ 인후염이면
목감긴데 피를
뽑았다고?

헐~ 다리를
절… 대박이다.

무시라~

그만큼 치료 방법이
없었던 거지~

피부 안으로 자라 들어간
발톱 뽑는 수술 했다가
다리를 절단하는
경우도 많았대.

플레밍이 페니실린을
발견한 게 1928년이니까
항생제의 역사는 100년도
안 된 거야.

생각보다
최근이지?

비슷한 시기 등장한
핵폭탄만큼이나 사회적 위력이
대단했지.

펑!!

우와-ㄱ
세균 살려~~
원자폭탄, 아니
페니실린 이다!!

두다다 -

페니실린은 세포벽 합성을 방해해서 세균을 죽게 만들어. 근데 세포벽은 사람한테 없잖아? 그래서 부작용도 별로 없었던 거야.

전에 얘기했지?

우리 바이러스 세포벽 없다 해

야! 왜 나만 갖고 그랴!! 쟈도 공격해~

세포벽

휙~

미안 해~ 세포벽 있는 애가 너밖에 없어~

그래서 그래~

페니실린

그 당시 페니실린은 만병통치약으로 생각 됐대. 인기가 얼마나 좋았는지 집집마다 페니실린을 직접 만드는 게 유행하기도 했대.

요번에 우리 집에서 담근 페니실린인데 맛좀 보실래요?

이렇게 귀한 걸! 감사해서 어쩌죠?

어맛! 이건 꼭 먹어야 해

그런데 무분별한
사용 때문에 내성균이
생기고 있다는 걸
그땐 몰랐던 거야.

물론 페니실린 이후 수많은
항생제들이 개발되어 초기엔
내성균이 생겨도 쉽게 치료할
수 있었지.

최근에는 새로운 항생제
개발은 드물어졌는데,
반대로 내성균은 진화를
거듭하고 있어.

그라모 다음에 과학이 더 발전해서 모든 내성균을 잡는 항생제가 나오면?

그런 약운 절~~~~대 만들어질 수가 없어!!

호삑

핵

절대 안 돼? 손모가지 걸고?

그렇구나…

백살은 됐다

진화의 힘을 무시하지 마라

절-대! 네버 에버 포레버!

받고 백살도!

응! 응!

사실 항생제가 없다면 현대 의학이 할 수 있는 게 많지 않을걸? 심장 수술, 뇌수술, 항암 요법… 이외 수많은 수술이 다 항생제라는 보호막이 있어서 가능한 거야.

오호~
듣고 보니
그렇네-

그치?
항생제는 아주 소중한
용병이야. 평소엔
내 몸 나라 국군인
면역세포들에게
맡겨둬야 해.

평소 용병에게 모든 전투를
맡기면 국군의 실력이 어떻게 될까?

그 정도는 내가
처리할 수
있는데…

야! 딱 한 방이면
되는데 괜히
고생하지 마-

어쩌지?
내성균은
내가 처리 못 해…
니가 좀 해봐~

갸울-
나 서균이랑
싸워본 적
없는데-

후들-
후들-

캬캬캬-
나를 만든 건
용할이 항생제-

내성

평소 건강한 아이의 가벼운
감기는 잘~ 앓고 나면 오히려
도움이 될수 있어.

물론 감기의 80%는
바이러스성이라 항생제가
필요 없지만, 세균성 감염이라도
마찬가지야.

헤헤

콧물
마시따

마치 운동으로 복근을 키우는 것처럼
면역근을 키워주는 거지.

근육보다 ♪
면역이
울퉁불퉁한 남자~

그리고 항생제는 꼭 필요한
순간에만 쓰는 거야.

부탁하네~

고생했어~
이젠 나한테 맡겨

항
생
제

• 지켜보기 치료법

1. Broides A, Bereza O, Lavi-Givon N, Fruchtman Y, Gazala E, Leibovitz E. Parental acceptability of the watchful waiting approach in pediatric acute otitis media. World J Clin Pediatr. 2016 May 8;5(2):198-205. doi: 10.5409/wjcp.v5.i2.198. eCollection 2016.

2. Spiro DM, Tay KY, Arnold DH, Dziura JD, Baker MD, Shapiro ED. Wait-and-see prescription for the treatment of acute otitis media: a randomized controlled trial. JAMA. 2006;296:1235–1241.

3. https://en.wikipedia.org/wiki/Watchful_waiting

4. https://en.wikipedia.org/wiki/Natural_history_of_disease

5. Heikkinen T, Järvinen A. The common cold. Lancet 2003; 361:51.

6. Mangione-Smith R, McGlynn EA, Elliott MN, Krogstad P, Brook RH. The relationship between perceived parental expectations and pediatrician antimicrobial prescribing behavior. Pediatrics.1999;103:711–718.

7. Kuzujanakis M, Kleinman K, Rifas-Shiman S, Finkelstein JA. Correlates of parental antibiotic knowledge, demand, and reported use. Ambul Pediatr. 2003;3:203–210.

8. Finkelstein JA, Dutta-Linn M, Meyer R, Goldman R. Childhood infections, antibiotics, and resistance: what are parents saying now? Clin Pediatr (Phila) 2014;53:145–150.

9. Vaz LE, Kleinman KP, Lakoma MD, Dutta-Linn MM, Nahill C, Hellinger J, Finkelstein JA. Prevalence of Parental Misconceptions About Antibiotic Use. Pediatrics. 2015;136:221–231.

10. Sackett DL, Rennie D. The science of the art of the clinical examination. JAMA 1992; 267:2650.

11. Burns, C. A new assessment model and tool for pediatric nurse practitioners. Journal of Pediatric Health Care,1992, 6, 73–81.

12. Byrnes, K. Conducting the pediatric health history: A guide. Pediatric Nursing, 1996,22, 135–137

13. Gorelick MH, Shaw KN, Murphy KO. Validity and reliability of clinical signs in the diagnosis of dehydration in children. Pediatrics. 1997 May;99(5):E6.

14. Vinay Kumar MBBS, MD, FRCPath, Abul K. Abbas MBBS Jon C. Aster MD, PhD. Inflammation and Repair. Robbins and Cotran Pathologic Basis of Disease, Chapter 3, 69-111

* 예방접종 ❶

1. Fritzell B, Plotkin S. Efficacy and safety of a Haemophilus influenzae type b capsular polysaccharide-tetanus protein conjugate vaccine. J Pediatr 1992; 121:355.

2. Black SB, Shinefield HR, Fireman B, et al. Efficacy in infancy of oligosaccharide conjugate Haemophilus influenzae type b (HbOC) vaccine in a United States population of 61,080 children. The Northern California Kaiser Permanente Vaccine Study Center Pediatrics Group. Pediatr Infect Dis J 1991; 10:97.

3. Briere EC, Rubin L, Moro PL, et al. Prevention and Control of Haemophilus influenzae Type b Disease: Recommendations of the Advisory Committee on Immunization Practices (ACIP). MMWR Recomm Rep 2014; 63:1.

4. Centers for Disease Control and Prevention. Epidemiology and Prevention of Vaccine-Preventable Diseases, 11th ed. Atkinson, W, Wolfe, S, Hamborsky, J, McIntyre, L (Eds). Public Health Foundation, Washington DC 2009.

5. Wakefield AJ, Murch SH, Anthony A, et al. Ileal-lymphoid-nodular hyperplasia, non-specific colitis, and pervasive developmental disorder in children. Lancet 1998; 351:637.

6. Retraction-Ileal-lymphoid-nodular hyperplasia, non-specific colitis, and pervasive developmental disorder in children. Lancet 2010; 375:445.

7. Deer B. How the case against the MMR vaccine was fixed. BMJ 2011; 342:c5347.

8. Taylor B, Miller E, Farrington CP, et al. Autism and measles, mumps, and rubella vaccine: no epidemiological evidence for a causal association. Lancet 1999; 353:2026.

9. Peltola H, Patja A, Leinikki P, et al. No evidence for measles, mumps, and rubella vaccine-associated inflammatory bowel disease or autism in a 14-year prospective study. Lancet 1998; 351:1327.

10. Mrozek-Budzyn D, Kiełtyka A, Majewska R. Lack of association between measles-mumps-rubella vaccination and autism in children: a case-control study. Pediatr Infect Dis J 2010; 29:397.

11. Honda H, Shimizu Y, Rutter M. No effect of MMR withdrawal on the incidence of autism: a total population study. J Child Psychol Psychiatry 2005; 46:572.

12. Fergus Walsh, Long shadow cast by MMR scare, available at http://www.bbc.com/news/health-22085678

· 예방접종 ❷

1. Pseudoscience, wikipedia, Available at https://en.wikipedia.org/wiki/Pseudoscience

2. Measles Outbreak — California, December 2014–February 2015, Morbidity and Mortality Weekly Report (MMWR) ,February 20, 2015 / 64(06);153-154, Available at http://www.cdc.gov/mmwr/preview/mmwrhtml/mm6406a5.htm?s_cid=mm6406a5_w

3. Available at https://www.druginfo.co.kr/detail/product.aspx?pid=14543

4. 2.1.3 HERD IMMUNITY, Global manual on surveillance of adverse events following immunization,world health organization, Available at http://www.who.int/vaccine_safety/publications/Global_Manual_revised_12102015.pdf?ua=1

5. What are some of the myths – and facts – about vaccination?, General information, world health organization, Available at http://www.who.int/features/qa/84/en/

· 유익균을 아시나요?

1. Johnston BC, Ma SS, Goldenburg JZ, et al. Probiotics for the prevention of clostridium difficile–associated diarrhea: A systematic review and meta-analysis. Ann Int Med 2012. https://annals.org/article.aspx?articleid=1390418 (Accessed on December 03, 2012).

2. Szajewska H, Kołodziej M. Systematic review with meta-analysis: Lactobacillus rhamnosus GG in the prevention of antibiotic-associated diarrhoea in children and adults. Aliment Pharmacol Ther 2015; 42:1149.

3. Van Niel CW, Feudtner C, Garrison MM, Christakis DA. Lactobacillus therapy for acute infectious diarrhea in children: a meta-analysis. Pediatrics 2002; 109:678.2.

4. Allen SJ, Martinez EG, Gregorio GV, Dans LF. Probiotics for treating acute infectious diarrhoea. Cochrane Database Syst Rev 2010; :CD003048.

5. Fang SB, Lee HC, Hu JJ, et al. Dose-dependent effect of Lactobacillus rhamnosus on quantitative reduction of faecal rotavirus shedding in children. J Trop Pediatr 2009; 55:297.

6. Koebnick C, Wagner I, Leitzmann P, et al. Probiotic beverage containing Lactobacillus casei Shirota improves gastrointestinal symptoms in patients with chronic constipation. Can J Gastroenterol 2003; 17:655.

7. Yang YX, He M, Hu G, et al. Effect of a fermented milk containing Bifidobacterium lactis DN-173010 on Chinese constipated women. World J Gastroenterol 2008; 14:6237.

8. Chmielewska A, Szajewska H. Systematic review of randomised controlled trials: probiotics for functional constipation. World J Gastroenterol 2010; 16:69.

9. Nishida S, Gotou M, Akutsu S, et al. Effect of yogurt containing Bifidobacterium lactis BB-12 on improvement of defecation and fecal microflora of healthy female adults. Milk Science 2004; 53:71.

10. Sadeghzadeh M, Rabieefar A, Khoshnevisasl P, et al. The effect of probiotics on childhood constipation: a randomized controlled double blind clinical trial. Int J Pediatr 2014; 2014:937212.

11. Kalliomäki M, Salminen S, Arvilommi H, et al. Probiotics in primary prevention of atopic disease: a randomised placebo-controlled trial. Lancet 2001; 357:1076.

12. Kopp MV, Hennemuth I, Heinzmann A, Urbanek R. Randomized, double-blind, placebo-controlled trial of probiotics for primary prevention: no clinical effects of Lactobacillus GG supplementation. Pediatrics 2008; 121:e850.

13. Kalliomäki M, Salminen S, Poussa T, et al. Probiotics and prevention of atopic disease: 4-year follow-up of a randomised placebo-controlled trial. Lancet 2003; 361:1869.

14. Wickens K, Black P, Stanley TV, et al. A protective effect of Lactobacillus rhamnosus HN001 against eczema in the first 2 years of life persists to age 4 years. Clin Exp Allergy 2012; 42:1071.

15. Boyle RJ, Ismail IH, Kivivuori S, et al. Lactobacillus GG treatment during pregnancy for the prevention of eczema: a randomized controlled trial. Allergy 2011; 66:509.

16. Rose MA, Stieglitz F, Köksal A, et al. Efficacy of probiotic Lactobacillus GG on allergic sensitization and asthma in infants at risk. Clin Exp Allergy 2010; 40:1398.

17. Boyle RJ, Ismail IH, Kivivuori S, et al. Lactobacillus GG treatment during pregnancy for the prevention of eczema: a randomized controlled trial. Allergy 2011; 66:509.

18. Gionchetti P, Rizzello F, Venturi A, et al. Oral bacteriotherapy as maintenance treatment in patients with chronic pouchitis: a double-blind, placebo-controlled trial. Gastroenterology 2000; 119:305.

19. Mimura T, Rizzello F, Helwig U, et al. Once daily high dose probiotic therapy (VSL#3) for maintaining remission in recurrent or refractory pouchitis. Gut 2004; 53:108.

20. Gionchetti P, Rizzello F, Helwig U, et al. Prophylaxis of pouchitis onset with probiotic therapy: a double-blind, placebo-controlled trial. Gastroenterology 2003; 124:1202.

21. Shen B, Brzezinski A, Fazio VW, et al. Maintenance therapy with a probiotic in antibiotic-dependent pouchitis: experience in clinical practice. Aliment Pharmacol Ther 2005; 22:721.

22. Luke K Ursell et al. Defining the Human Microbiome.Nutr Rev. Author manuscript; available in PMC 2013 Feb 1.

23. Amanda L. Prince et al. The Perinatal Microbiome and Pregnancy: Moving Beyond the Vaginal Microbiome. Cold Spring Harb Perspect Med. 2015 Jun; 5(6): 10.1101/cshperspect.a023051

24. Saari A et al. Antibiotic exposure in infancy and risk of being overweight in the first 24 months of life. Pediatrics. 2015 Apr;135(4):617-26. doi: 10.1542/peds.2014-3407.

25. Livanos AE et al. Antibiotic-mediated gut microbiome perturbation accelerates development of type 1 diabetes in mice. Nat Microbiol. 2016 Aug 22;1(11):16140. doi: 10.1038/nmicrobiol.2016.140.

26. BJ Park et al. Antibiotic Use in Children - A Cross-National Analysis of 6 Countries.J Pediatr. 2017 Mar;182:239-244.e1. doi: 10.1016/j.jpeds.2016.11.027. Epub 2016 Dec 21.

27. 소비자 권리 찾기, 〈메뉴판에서 항생제 추방〉, http://www.kormedi.com/news/
article/1217488_2892.html

28. KBS 뉴스, 〈광어 양식장에 가축용 항생제 판매 일당 입건〉, http://news.kbs.co.kr/news/
view.do?ncd=3170928&ref=A

29. 〈2014년도 국가 항생제 사용 및 내성 모니터링〉, 가축, 축수산식품, 항생제내
성 연구실, 농림축산검역본부 http://www.qia.go.kr/anp/rchStatus/listwebQiaCom.
do?type=80_1ndyjsy&clear=1

30. 〈SBS스페셜〉, '419회 항생제의 두 얼굴 2부 – 내성균, 끝나지 않는 전쟁' http://program.
sbs.co.kr/builder/endPage.do?pgm_id=00000311936&pgm_mnu_id=4029&pgm_build_
id=21&contNo=cu0214f0041900&srs_nm=419

• 어떻게 먹을 것인가?
❶ 어떻게 먹어왔나

1. 《사피엔스》, 유발 하라리 지음, 조현욱 옮김, 김영사.

2. 《강요된 비만》, 프란시스 들프슈 외 지음, 부희령 옮김, 거름.

3. 《음식중독》, 박용우 지음, 김영사.

4. 국민건강통계, 질병관리본부 http://www.cdc.go.kr/CDC/contents/CdcKrContentView.
jsp?cid=60949&menuIds=HOME001-MNU1130-MNU1639-MNU1749-MNU1761

5. Drewnowski A, Rehm CD, Solet D. Disparities in obesity rates: analysis by ZIP code area. Soc
Sci Med 2007; 65:2458.

6. Drewnowski A. The economics of food choice behavior: why poverty and obesity are linked.
Nestle Nutr Inst Workshop Ser 2012; 73:95.

7. Dubowitz T, Ghosh-Dastidar MB, Steiner E, et al. Are our actions aligned with our evidence?
The skinny on changing the landscape of obesity. Obesity (Silver Spring) 2013; 21:419.

8. Choi SW, Park DJ, Kim J, Park TJ, Kim JS, Byun S, Lee YS, Kim JH. Association between Obesity
and Neighborhood Socioeconomic Status in Korean Adolescents Based on the 2013 Korea
Youth Risk Behavior Web-Based Survey. Korean J Fam Med. 2016 Jan;37(1):64-70.

• 어떻게 먹을 것인가?
❷ 어떻게 먹일까

1. 《사피엔스》, 유발 하라리 지음, 조현욱 옮김, 김영사.

2. American Academy of Pediatrics Committee on Nutrition. Feeding the child. In: Pediatric Nutrition, 7th ed, Kleinman RE, Greer FR (Eds), American Academy of Pediatrics, Elk Grove Village, IL 2014. p.143.

3. Nicklaus S, Chabanet C, Boggio V, Issanchou S. Food choices at lunch during the third year of life: increase in energy intake but decrease in variety. Acta Paediatr 2005; 94:1023.

4. Nicklaus S, Boggio V, Issanchou S. Food choices at lunch during the third year of life: high selection of animal and starchy foods but avoidance of vegetables. Acta Paediatr 2005; 94:943.

5. Johnson SL, Birch LL. Parents' and children's adiposity and eating style. Pediatrics 1994; 94:653.

6. Birch LL, Deysher M. Conditioned and unconditioned caloric compensation: evidence for self-regulation of food intake by young children. Learn Motiv 1985; 16:341.

7. Forestell CA.The Development of Flavor Perception and Acceptance: The Roles of Nature and Nurture. Nestle Nutr Inst Workshop Ser. 2016;85:135-43.

8. Liu MJ et al. A Correlation Study of DHA Dietary Intake and Plasma, Erythrocyte and Breast Milk DHA Concentrations in Lactating Women from Coastland, Lakeland, and Inland Areas of China.Nutrients. 2016 May 20;8(5).

9. Johnson SL, Bellows L, Beckstrom L, Anderson J. Evaluation of a social marketing campaign targeting preschool children. Am J Health Behav 2007; 31:44.

10. Kim SA, Grimm KA, May AL, et al. Strategies for pediatric practitioners to increase fruit and vegetable consumption in children. Pediatr Clin North Am 2011; 58:1439.

11. Wardle J, Herrera ML, Cooke L, Gibson EL. Modifying children's food preferences: the effects of exposure and reward on acceptance of an unfamiliar vegetable. Eur J Clin Nutr 2003; 57:341.

12. Wardle J, Cooke LJ, Gibson EL, et al. Increasing children's acceptance of vegetables; a randomized trial of parent-led exposure. Appetite 2003; 40:155.

13. Promoting healthy nutrition. In: Bright Futures: Guidelines for Health Supervision of Infants, Children, and Adolescents, 3rd ed, Hagan JF, Shaw JS, Duncan PM (Eds), American Acacemy of Pediatrics, Elk Grove Village, IL 2008. p.121.

14. http://health.mw.go.kr/mobile/content/group_view.jsp?CID=42934EE05A

15. Hammons AJ, Fiese BH. Is frequency of shared family meals related to the nutritional health of children and adolescents? Pediatrics 2011; 127:e1565.

16. Berge JM, Wall M, Hsueh TF, et al. The protective role of family meals for youth obesity: 10-year longitudinal associations. J Pediatr 2015; 166:296.

• 잘 자자 우리 아가

1. Foley LS, Maddison R, Jiang Y, et al. Presleep activities and time of sleep onset in children.

Pediatrics 2013; 131:276.

2. Falbe J, Davison KK, Franckle RL, et al. Sleep duration, restfulness, and screens in the sleep environment. Pediatrics 2015; 135:e367.

3. Hale L, Guan S. Screen time and sleep among school-aged children and adolescents: a systematic literature review. Sleep Med Rev 2015; 21:50.

4. Mindell JA, Kuhn B, Lewin DS, et al. Behavioral treatment of bedtime problems and night wakings in infants and young children. Sleep 2006; 29:1263.

5. Morgenthaler TI, Owens J, Alessi C, et al. Practice parameters for behavioral treatment of bedtime problems and night wakings in infants and young children. Sleep 2006; 29:1277.

6. Wolfson A, Lacks P, Futterman A. Effects of parent training on infant sleeping patterns, parents' stress, and perceived parental competence. J Consult Clin Psychol 1992; 60:41.

7. Price AM, Wake M, Ukoumunne OC, Hiscock H. Five-year follow-up of harms and benefits of behavioral infant sleep intervention: randomized trial. Pediatrics 2012; 130:643.

8. http://news.kbs.co.kr/news/view.do?ncd=3235367&ref=A

9. Owens j, Mindell j. steep Hygiene: Healthy Sleeo Habits for Children and Adolescents. In: A Clinical Guide to Pediatric Sleep, 2nd ed, Lippincott, Williuams & Wilkins, Philadelphia 2010.

• 햇빛 비타민

1. Arch Intern Med. 2006 Sep 25;166(17):1907-14. Ethnic differences among patients with cutaneous melanoma. Cormier JN

2. J Am Acad Dermatol. 2010 Jun;62(6):929.e1-9. doi: 10.1016/j.jaad.2009.07.028. Epub 2010 Apr 3. Estimated equivalency of vitamin D production from natural sun exposure versus oral vitamin D supplementation across seasons at two US latitudes. Terushkin V

3. J Clin Endocrinol Metab. 2011 Mar;96(3):643-51. doi: 10.1210/jc.2010-2133. Epub 2010 Dec 29. Vitamin D insufficiency in Korea--a greater threat to younger generation: the Korea National Health and Nutrition Examination Survey (KNHANES) 2008. Choi HS

4. J Clin Invest. 1993 Jun; 91(6): 2552–2555. Human plasma transport of vitamin D after its endogenous synthesis. J G Haddad

5. Holick MF, Vitamin D: A millennium perspective. J Cell Biochem 2003; 88:296

6. Holick MF, MacLaughlin JA, Doppelt SH. Regulation of cutaneous previtamin D3 photosynthesis in man : skin pigment is not an essential regulator. Science 1981; 211:590

7. Wang TJ et al. Vitamin D deficiency and risk of cardiovascular disease. Circulation 2008 Jan 29;117(4):503-11.

8. Gandini S, Boniol M. Haukka J, et al. Meta-analysis of observational studies of serum 25-hydroxyvitamin D level and colorectal, breast and prostate cancer and colorectal adenoma. International Journal of Cancer 2011;128(6):1414-1424

9. Ma Y, Zhang P. Wang F et al. Association between vitamin D and risk of colorectal cancer : a systematic review of prospective studies. Journal of Clinical Oncology. 2011; 29(28):3775-3782

10. Manson JE et al. Vitamin D and prevention of cancer-ready for prime time? N Engl J Med. 2011 Apr 14;364(15):1385-7

• 약, 어디까지 알고 먹니?

1. David E. Golan, Ehrin J. Armstrong, April W. Armstrong, Principles of Pharmacology, The Pathophysiologic Basis of Drug Therapy, fourth edition, Wolters Kluwer

2. H.P. Rang, J.M. Ritter, R.J. Flower, G. Hendernson, RANG & DALE'S Pharmacology, eighth edition, ELSVIER

3. Griffin GH, Flynn C, Bailey RE, Schultz JK.,Antihistamines and/or decongestants for otitis media with effusion (OME) in children. Cochrane Database Syst Rev. 2006 Oct 18;(4):CD003423.

4. Asha G. Bonney, MB BS and Ran D. Goldman, MD FRCPC, Antihistamines for children with otitis media, Can Fam Physician. 2014 Jan; 60(1): 43–46.

5. Wald ER, Applegate KE, Bordley C, et al. Clinical practice guideline for the diagnosis and management of acute bacterial sinusitis in children aged 1 to 18 years. Pediatrics 2013; 132:e262.

• 삐뽀삐뽀 소아 심폐 소생술

1. Mary E. Hartman, Ira M. Cheifetz. Pediatric Emergencies and Resuscitation. Recognition and Management of Cardiac Arrest. Nelson textbook of pediatrics/20th ed. Chapter 67, 489-506. e1

• 삐뽀삐뽀 영유아 하임리히

1. Emergency Cardiac Care Committee and Subcommittees, American Heart Association. Part V. Pediatric basic life support, JAMA 268:2251–2261, 1992

2. www.youtube.com 영아 하임리히 검색

• 붉은 깃발을 찾아라(급성 복통)

1. https://en.wikipedia.org/wiki/Red_flag_(idiom)

2. https://en.wikipedia.org/wiki/Racing_flags#Red_flag

3. Holmes JF, Lillis K, Monroe D, et al. Identifying children at very low risk of clinically important blunt abdominal injuries. Ann Emerg Med 2013; 62:107.

4. Bixby SD, Callahan MJ, Taylor GA. Imaging in pediatric blunt abdominal trauma. Semin Roentgenol 2008; 43:72.

5. Capraro AJ, Mooney D, Waltzman ML. The use of routine laboratory studies as screening tools in pediatric abdominal trauma. Pediatr Emerg Care 2006; 22:480.

6. Mandeville K, Chien M, Willyerd FA, et al. Intussusception: clinical presentations and imaging characteristics. Pediatr Emerg Care 2012; 28:842.

7. Rick A. McPheeters DO, FAAEM, Juliana Karp MD

8. Abdominal Pain, Nausea, and Vomiting . Emergency Medicine Secrets, Chapter 16, 96-103.e2

9. Bundy DG, Byerley JS, Liles EA, et al. Does this child have appendicitis? JAMA 2007; 298:438.

10. Litovitz T, Whitaker N, Clark L. Preventing battery ingestions: an analysis of 8648 cases. Pediatrics 2010; 125:1178.

11. Chang SL, Shortliffe LD. Pediatric urinary tract infections. Pediatr Clin North Am 2006; 53:379.

12. Attia M, Zaoutis T, Eppes S, et al. Multivariate predictive models for group A beta-hemolytic streptococcal pharyngitis in children. Acad Emerg Med 1999; 6:8.

13. Kanegaye JT, Harley JR. Pneumonia in unexpected locations: an occult cause of pediatric abdominal pain. J Emerg Med 1995; 13:773.

14. Yang YH, Hung CF, Hsu CR, et al. A nationwide survey on epidemiological characteristics of childhood Henoch-Schönlein purpura in Taiwan. Rheumatology (Oxford) 2005; 44:618.

15. D'Agostino J. Common abdominal emergencies in children. Emerg Med Clin North Am 2002; 20:139.

16. Loening-Baucke V, Swidsinski A. Constipation as cause of acute abdominal pain in children. J Pediatr 2007; 151:666.

• 설사해도 괜찮아

1. Brown JW. Toxic megacolon associated with loperamide therapy. JAMA 1979; 241:501.

2. Curtis JA, Goel K.M. Lomotilpoisoning in children. Arch Dis child 1979, 54.222.

3. Li ST, Grossman DC, Cummings P. Loperamide therapy for acute diarrhea in children: systematic review and metaanalysis. PLoS Med 2007, 4.e.98. Guarino A, Ashkenazis,

4. Gendrel D, et al. European Society for Pediatric Gastroenterology, Hepatology, and Nutrition/European Society for Pediatric Infectious Diseases evidence-based guidelines for the management of acute gastroenteritis in children in Europe: update 2014.JPediatr Gastroenterol Nutr 2014:59:132.

5. National Institute for Health and Care Excellence. Diarrhoea and vomiting in children: Diarrhoea and vomiting caused by gastroenteritis: diagnosis, assessment and management in children younger than 5 years. https://www.nice.org.uk/guidance/cg84 (Accessed on July 15, 2015).

6. King CK, Glass R, Bresee JS, et al. Managing acute gastroenteritis among children: oral rehydration, maintenance, and nutritional therapy. MMWR Recomm Rep 2003:52:1.

7. Harris C, Wilkinson F, MazzaD, et al. Evidence based guideline for the management of diarrhoea with or without vomiting in children. Aust Fam Physician 2008; 37:22.

8. World Gastroenterology Organisation Global Guidelines. Acute diarrhea in adults and children: A global perspective. February 2012. WWW.Worldgastroenterology.org/acute-diarrhea-in-adults.html (Accessed on July 29, 2015).

9. Patient information: acute diarrhea in children (beyond the basics), http://www.uptodate.com

10. Khin MU, Tin U. Effect on clinical outcome of breastfeeding during acute diarrhoea. Br Medj (Clin ResEd) 1985, 290:587.

11. Elliott E.J. Acute gastroenteritis in children. BMJ 2007:334:35.

12. Alarcon P. Montoya R, Perez F, et al. Clinical trial of home available, mixed diets versus a lactose-free, Soy-protein formula for the dietary management of acute childhood diarrhea. J Pediatr Gastroenterol Nutr 1991; 12:224.

13. Allen SJ, Martinez EG, Gregorio GV, Dans LF. Probiotics for treating acute infectious diarrhoea. Cochrane Database Syst Rev 2010, CD003048.

14. Van Niel CW, Feudtner C, Garrison MM, Christakis DA. Lactobacillus therapy for acute infectious diarrhea in children: a meta-analysis. Pediatrics 2002; 109.678.

15. Szajewska H, Skórka A, Ruszczynski M. Gieruszczak-Bialek D. Meta-analysis. Lactobacillus GG for treating acute gastroenteritis in children-updated analysis of randomised controlled trials. Aliment Pharmacol Ther 2013:38.467.

16. Feizizadeh S, Salehi-Abargouei A, Akbari V. Efficacy and safety of Saccharomyces boulardifor acute diarrhea. Pediatrics 2014, 134:e 176.

17. Szajewska H. Guarino A, Hojsaki, et al. Use of probiotics for management of acute gastroenteritis: a position paper by the ESPGHAN Working Group for Probiotics and Prebiotics. J Pediatr Gastroenterol Nutr 2014:58:531.

18. Parker MW, Schaffzin JK, Lo Vecchio A, et al. Rapid adoption of Lactobacillus rhamnosus GG for acute gastroenteritis. Pediatrics 2013, 131 Suppl 1:S96.

19. Szajewska H, Skórka A, Dylag M. Meta-analysis. Saccharomyces boulardii for treating acute diarrhoea in children. Aliment Pharmacol Ther 2007:25.257.

20. Luby SP, Agboatwalla M, Painter J, et al. Effect of intensive handwashing promotion on childhood diarrhea in high-risk communities in Pakistan: a randomized controlled trial. JAMA

2004: 291:2547.

21. Curtis W. Cairncross S. Effect of washing hands with soap on diarrhoea risk in the community, a systematic review. Lancet infect Dis 2003. 3:275.

22. Aiello AE, Coulborn RM, Perez V, Larson EL Effect of hand hygiene on infectious disease risk in the community setting a meta-analysis. Am J Public Health 2008, 98.1372.

23. Ejemot-Nwadiaro RI, Ehiri JE, Arikpo D, et al. Hand washing promotion for preventing diarrhoea. Cochrane Database syst Rev 2015, 9:CD004265.

• 탈수에는 ORS

1. Fedorowicz Z, Jagannath VA, Carter B. Antiemetics for reducing vomiting related to acute gastroenteritis in children and adolescents. Cochrane Database Syst Rev 2011;:CD005506.

2. Carlisle JB,Stevenson CA. Drugs for preventing postoperative nausea and vomiting. Cochrane Database syst Rev 2006;:CD004125.

3. National Institute for Health and Care Excellence. Diarrhoea and vomiting in children: Diarrhoea and vomiting caused by gastroenteritis: diagnosis, assessment and management in children younger than 5 years. https://www.nice.org.uk/yguidance/cg84 (Accessed on July 152015).

4. Cesar G. Victora, Jennifer Bryce, Olivier Fontaine, & Roeland Monasch. Reducing deaths from diarrhoea through oral rehydration therapy. Bull World Health Organ vol.78 n.10 Genebra Jan. 2000

5. Santosham M, Keenan EM, Tulloch J, et al. Oral rehydration therapy for diarrhea: an example of reverse transfer of technology. Pediatrics 1997; 100:E10.

6. Practice parameter: the management of acute gastroenteritis in young children. American Academy of Pediatrics, Provisional Committee on Quality Improvement, Subcommittee on Acute Gastroenteritis. Pediatrics 1996; 97:424.

7. Gavin N, Merrick N, Davidson B. Efficacy of glucose-based oral rehydration therapy. Pediatrics 1996; 98:45.

8. de Zoysa I, Kirkwood B, Feachem R, Lindsay-Smith E. Preparation of sugar-salt solutions. Trans R Soc Trop Med Hyg 1984; 78:260.

9. Avery ME, Snyder JD. Oral therapy for acute diarrhea. The underused simple solution. N Engl J Med 1990 323:891.

10. Carpenter CC, Greenough WB, Pierce NF. Oral-rehydration therapy--the role of polymeric substrates. N Engl J Med 1988; 319:1346.

11. Santosham M, Bums B, Nadkami V, et al. Oral rehydration therapy for acute diarrhea in ambulatory children in the United States: a double-blind comparison of four different solutions. Pediatrics 1985; 76:159.

12. Duggan C, Santosham M, Glass RI. The management of acute diarrhea in children: oral rehydration, maintenance, and nutritional therapy. Centers for Disease Control and Prevention. MMWR Recomm Rep 1992; 41:1.

13. Patient information: nausea and vomiting in infants and children(beyond basics)

14. Hartling L, Bellemare Wiebe N, et al. Oral versus intravenous rehydration for treating dehydration due to gastroenteritis in children. Cochrane Database Syst Rev 2006; :CD004390.

15. Santosham M, Daum RS, Dillman L, et al. Oral rehydration therapy of infantile diarrhea: a controlled study of well-nourished children hospitalized in the United States and Panama. N Engl J Med 1982; 306:1070.

16. Vesikari T, Iisolauri E, Baer M. A comparative trial of rapid oral and intravenous rehydration in acute diarrhoea. Acta Paediatr Scand 1987; 76:300.

17. Atherly-John YC, Cunningham SJ, Crain EF. A randomized trial of oral vs intravenous rehydration in a pediatric emergency department. Arch Pediatr Adolesc Med 2002; 156:1240.

18. Fonseca BK, Holdgate A, Craig JC. Enteral vs intravenous rehydration therapy for children with gastroenteritis: a meta-analysis of randomized controlled trials. Arch Pediatr Adolesc Med 2004; 158:483.

19. Spandorfer PR, Alessandrini EA, Joffe MD, et al. Oral versus intravenous rehydration of moderately dehydrated children: a randomized, controlled trial. Pediatrics 2005; 115:295.

20. Freedman SB, Ali S, Oleszczuk M, et al. Treatment of acute gastroenteritis in children: an overview of systematic reviews of interventions commonly used in developed countries. Evid Based Child Health 2013; 8:1123.

21. Hartling L, Bellemare S, Wiebe N, et al. Oral versus intravenous rehydration for treating dehydration due to gastroenteritis in children. Cochrane Database Syst Rev 2006; :CD004390.

• 똥 싸기는 즐겁게

1. Di Lorenzo C. Pediatric anorectal disorders. Gastroenterol Clin North Am 2001; 30:269.

2. Abrahamian FP, Lloyd-Still JD. Chronic constipation in childhood: a longitudinal study of 186 patients. J Pediatr Gastroenterol Nutr 1984; 3:460.

3. Michel RS. Toilet training. Pediatr Rev 1999; 20:240.

4. Borowitz SM, Cox DJ, Tam A, et al. Precipitants of constipation during early childhood. J Am Board Fam Pract 2003; 16:213.

5. Di Lorenzo C. Childhood constipation: finally some hard data about hard stools! J Pediatr 2000; 136:4.

6. Tabbers MM, DiLorenzo C, Berger MY, et al. Evaluation and treatment of functional constipation in infants and children: evidence-based recommendations from ESPGHAN and NASPGHAN. J Pediatr Gastroenterol Nutr 2014; 58:258.

7.   Williams CL, Bollella M, Wynder EL. A new recommendation for dietary fiber in childhood. Pediatrics 1995; 96:985.

8.   Gillman MW, Cupples LA, Gagnon D, et al. Protective effect of fruits and vegetables on development of stroke in men. JAMA 1995; 273:1113.

9.   Jensen MK, Koh-Banerjee P, Hu FB, et al. Intakes of whole grains, bran, and germ and the risk of coronary heart disease in men. Am J Clin Nutr 2004; 80:1492.

10. Negri E, Franceschi S, Parpinel M, La Vecchia C. Fiber intake and risk of colorectal cancer. Cancer Epidemiol Biomarkers Prev 1998; 7:667.

11. Willett WC. Diet and cancer: an evolving picture. JAMA 2005; 293:233.

12. Velázquez-López L, Muñoz-Torres AV, García-Peña C, López-Alarcón M, Islas-Andrade S, Escobedo-de la Peña J. Fiber in Diet Is Associated with Improvement of Glycated Hemoglobin and Lipid Profile in Mexican Patients with Type 2 Diabetes. J Diabetes Res. 2016;2016:2980406.

13. Heinritz SN et al. Impact of a High-Fat or High-Fiber Diet on Intestinal Microbiota and Metabolic Markers in a Pig Model. Nutrients. 2016 May 23;8(5). pii: E317.

14. Konturek PC, Zopf Y.Gut microbiome and psyche: paradigm shift in the concept of brain-gutaxis. MMW Fortschr Med. 2016 May;158 Suppl 4:12-6.

15. Foster JA, McVey Neufeld KA. Gut-brain axis: how the microbiome influences anxiety and depression. Trends Neurosci. 2013 May;36(5):305-12.

16. Dash S, Clarke G, Berk M, Jacka FN. The gut microbiome and diet in psychiatry: focus on depression. Curr Opin Psychiatry. 2015 Jan;28(1):1-6.

17. DAVIDSON M, KUGLER MM, BAUER CH. Diagnosis and management in children with severe and protracted constipation and obstipation. J Pediatr 1963; 62:261.

18. Irastorza I, Ibañez B, Delgado-Sanzonetti L, et al. Cow's-milk-free diet as a therapeutic option in childhood chronic constipation. J Pediatr Gastroenterol Nutr 2010; 51:171.

19. Daher S, Tahan S, Solé D, et al. Cow's milk protein intolerance and chronic constipation in children. Pediatr Allergy Immunol 2001; 12:339.

20. Iacono G, Cavataio F, Montalto G, et al. Intolerance of cow's milk and chronic constipation in children. N Engl J Med 1998; 339:1100.

21. Shah N, Lindley K, Milla P. Cow's milk and chronic constipation in children. N Engl J Med 1999; 340:891.

22. Carroccio A, Montalto G, Custro N, et al. Evidence of very delayed clinical reactions to cow's milk in cow's milk-intolerant patients. Allergy 2000; 55:574.

23. Levine MD. Encopresis: its potentiation, evaluation, and alleviation. Pediatr Clin North Am 1982; 29:315.

24. Weissman L, Bridgemohan C. Bowel function, toileting and encopresis. In: Developmental-Behavioral Pediatrics, 4th Ed, Carey WB, Carey WB, Crocker AC, et al. (Eds), Saunders Elsevier, Philadelphia 2009. p.610.

25. Nolan T, Debelle G, Oberklaid F, Coffey C. Randomised trial of laxatives in treatment of

childhood encopresis. Lancet 1991; 338:523.

26. Schonwald A, Rappaport L. Consultation with the specialist: encopresis: assessment and management. Pediatr Rev 2004; 25:278.

• 기침, 막지 마세요

1. Canning BJ, Mazzone SB, Meeker SN, et al. Identificationi of the tracheal and laryngeal afferent neurons mediating cough in anaesthetized guinea-pigs. J P'HYSIOL 2004; 557:532

2. Canning BJ, Mori N, Mazzone SB. Vagal afferent nerves regulating the cough reflex. Respir Physiol Neurobiol 2006; 152:223

3. Munyard P, Bush A. How much coughing is normal? Arch Dis Child 1996; 74:531.

4. Schramm CM. Current concepts of respiratory complications of neuromuscular disease in children. Curr Opin Pediatr 2000; 12:203.

5. Coleridge JC, Coleridge HM. Afferent vvagal C fiber innervation of the lungs and airways and its functiona significance. Rev Physiol Biochem Pharmacol 1984;99:1

6. Birrell MA, Belvisi MG, Grace M, et al. TRPA1 agonists evoke coughing in guinea pig and human volunteers. Am J Respir Crit Care Med 2009; 180:1042.

7. Belvisi MG, Dubuis E, Birrell MA. Transient receptor potential A1 channels: insights into cough and airway inflammatory disease. Chest 2011; 140:1040.

8. Khalid S, Murdoch R, Newlands A, et al. Transient receptor potential vanilloid 1 (TRPV1) antagonism in patients with refractory chronic cough: a double-blind randomized controlled trial. J Allergy Clin Immunol 2014; 134:56.

9. Trevisani M, Milan A, Gatti R, et al. Antitussive activity of iodo-resiniferatoxin in guinea pigs. Thorax 2004; 59:769.

10. Use of codeine- and dextromethorphan-containing cough remedies in children. American Academy of Pediatrics. Committee on Drugs. Pediatrics 1997; 99:918.

11. Paul IM, Yoder KE, Crowell KR, et al. Effect of dextromethorphan, diphenhydramine, and placebo on nocturnal cough and sleep quality for coughing children and their parents. Pediatrics 2004; 114:e85.

12. Taylor JA, Novack AH, Almquist JR, Rogers JE. Efficacy of cough suppressants in children. J Pediatr 1993; 122:799.

13. Centers for Disease Control and Prevention (CDC). Infant deaths associated with cough and cold medications--two states, 2005. MMWR Morb Mortal Wkly Rep 2007; 56:1.

14. Irwin RS, Curley FJ, French CL. Chronic cough. The spectrum and frequency of causes, key components of the diagnostic evaluation, and outcome of specific therapy. Am Rev Respir Dis 1990; 141:640.

15. Pratter MR, Bartter T, Akers S, DuBois J. An algorithmic approach to chronic cough. Ann Intern Med 1993; 119:977.

16. Kwon NH, Oh MJ, Min TH, et al. Causes and clinical features of subacute cough. Chest 2006; 129:1142.

17. Saketkhoo K, Januszkiewicz A, Sackner MA. Effects of drinking hot water, cold water, and chicken soup on nasal mucus velocity and nasal airflow resistance. Chest 1978; 74:408.

18. World Health Organization. Cough and cold remedies for the treatment of acute respiratory infections in young children, 2001.

19. Sanu A, Eccles R. The effects of a hot drink on nasal airflow and symptoms of common cold and flu. Rhinology 2008; 46:271.

20. Munyard P, Bush A. How much coughing is normal? Arch Dis Child 1996; 74:531.

21. Chang AB, Glomb WB,). Guidelines for evaluating chronic cough in pediatrics: ACCP evidence-based clinical practice guidelines. Chest 2006; 129:260S.

• 아이가 열이 나요

1. Mackowiak PA. Fever: blessing or curse? A unifying hypothesis. Ann Intern Med 1994; 120:1037.

2. Schmitt BD. Fever in childhood. Pediatrics 1984; 74:929.

3. El-Radhi AS. Why is the evidence not affecting the practice of fever management? Arch Dis Child 2008; 93:918.

4. National Institute for Health and Care Excellence. Feverish illness in children (CG160). May 2013. http://guidance.nice.org.uk/CG160 (Accessed on June 14, 2013).

5. May A, Bauchner H. Fever phobia: the pediatrician's contribution. Pediatrics 1992; 90:851.

6. Ward MA. Fever: Pathogenesis and treatment. In: Feigin and Cherry's Textbook of Pediatric Infectious Diseases, 7th, Cherry JD, Harrison GJ, Kaplan SL, et al. (Eds), Elsevier Saunders, Philadelphia 2014. p.83.

7. Sarrell EM, Wielunsky E, Cohen HA. Antipyretic treatment in young children with fever: acetaminophen, ibuprofen, or both alternating in a randomized, double-blind study. Arch Pediatr Adolesc Med 2006; 160:197.

8. National Institute for Health and Care Excellence. Feverish illness in children (CG160). May 2013. http://guidance.nice.org.uk/CG160 (Accessed on June 14, 2013).

9. Patient information: Fever in children http://www.uptodate.com

10. Poirier MP, Davis PH, Gonzalez-del Rey JA, Monroe KW. Pediatric emergency department nurses' perspectives on fever in children. Pediatr Emerg Care 2000; 16:9.

11. Dixon G, Booth C, Price E, et al. Fever as nature's engine. Part of beneficial host response?

BMJ 2010; 340:c450.

12. Fowler AW. A/H1N1 flu pandemic. Fever as nature's engine? BMJ 2009; 339:b3874.

13. Greisman LA, Mackowiak PA. Fever: beneficial and detrimental effects of antipyretics. Curr Opin Infect Dis 2002; 15:241.

14. Teagle AR, Powell CV. Is fever phobia driving inappropriate use of antipyretics? Arch Dis Child 2014; 99:701.

15. Thomas S, Vijaykumar C, Naik R, et al. Comparative effectiveness of tepid sponging and antipyretic drug versus only antipyretic drug in the management of fever among children: a randomized controlled trial. Indian Pediatr 2009; 46:133.

16. Alves JG, Almeida ND, Almeida CD. Tepid sponging plus dipyrone versus dipyrone alone for reducing body temperature in febrile children. Sao Paulo Med J 2008; 126:107.

17. Purssell E. Physical treatment of fever. Arch Dis Child 2000; 82:238.

• 감기를 부탁해

1. Cohen HA, Rozen J, Kristal H, et al. Effect of honey on nocturnal cough and sleep quality: a double-blind, randomized, placebo-controlled study. Pediatrics 2012; 130:465

2. Oduwole O, Meremikwu MM, Oyo-Ita A, Udoh EE. Honey for acute cough in children. Cochrane Database Syst Rev 2014; 12:CD007094.

3. American Academy of Pediatrics. Coughs and colds: Medicines or home remedies? http://www.healthychildren.org/English/health-issues/conditions/ear-nose-throat/pages/Coughs-and-Colds-Medicines-or-Home-Remedies.aspx (Accessed on August 23,2011).

4. American Academy of Pediatrics. Caring for a child with a viral infection. http://www.healthychildren.org/English/health-issues/conditions/ear-nose-throat/Pages/Caring-for-a-Child-with-a-Viral-Infection.aspx.

5. Fischer H. Common cold. In: American Academy of Pediatrics Textbook of Pediatric Care. McInemy TK. (Ed), American Academy of Pediatrics, Elk Grove Village, IL 2009. p.1934.

6. Singh M, Singh M. Heated, humidified air for the common cold. Cochrane Database Syst Rev 2013; 6:CD001728.

7. Little P, Moore M, Kelly J, et al. Ibuprofen, paracetamol, and steam for patients with respiratory tract infections in primary care: pragmatic randomised factorial trial. BMJ 2013; 347:f6041.

8. Joly JR, Déry P, Gauvreau L, et al. Legionnaires' disease caused by Legionella dumoffii in distilled water. CMAJ 1986; 135:1274.

9. Daftary AS, Deterding RR. Inhalational lung injury associated with humidifier "white dust". Pediatrics 2011; 127:e509.

10. Volpe BT, Sulavik SB, Tran P, Apter A. Hypersensitivity pneumonitis associated with a portable

home humidifier. Conn Med 1991; 55:571.

11. King D, Mitchell B, Williams CP, Spurling GK. Saline nasal irrigation for acute upper respiratory tract infections. Cochrane Database Syst Rev 2015; 4:CD006821.

12. Slapak I, Skoupá J, Strnad P, Homik P. Efficacy of isotonic nasal wash (seawater) in the treatment and prevention of rhinitis in children. Arch Otolaryngol Head Neck Surg 2008: 134:67.

13. Bisno AL. Acute pharyngitis. N Engl J Med 2001; 344:205.

14. Saketkhoo K, Januszkiewicz A, Sackner MA. Effects of drinking hot water, cold water, and chicken soup on nasal mucus velocity and nasal airflow resistance. Chest 1978; 74:408.

15. World Health Organization. Cough and cold remedies for the treatment of acute respiratory infections in young children, 2001.
http://whqlibdoc.who.int/hq/2001/WHO_FCH_CAH_01.02.pdf.

16. Sanu A, Eccles R. The effects of a hot drink on nasal airflow and symptoms of common cold and flu. Rhinology 2008; 46:271.

17. Pfeiffer WF. A multicultural approach to the patient who has a common cold. Pediatr Rev 2005; 26:170.

18. Centers for Disease Control and Prevention (CDC). Infant deaths associated with cough and cold medications--two states, 2005. MMWR Morb Mortal Wkly Rep 2007; 56:1.

19. Dart RC, Paul IM, Bond GR, et al. Pediatric fatalities associated with over the counter (nonprescription) cough and cold medications. Ann Emerg Med 2009; 53:411.

20. Gunn VL, Taha SH, Liebelt EL, Serwint JR. Toxicity of over-the-counter cough and cold medications. Pediatrics 2001; 108:E52.

21. US Food and Drug Administration. Public Health Advisory. Nonprescription cough and cold medicine use in children. FDA recommends that over-the-counter (OTC) cough and cold products not be used for infants and children under2 years of age. www.fda.gov/Drugs/DrugSafety/PostmarketDrugSafetyInformationforPatientsandProviders/Dr ugSafetyInformationforHeathcareProfessionals/PublicHealthAdvisories/UCM051137 (Accessed on August 31,2011).

22. Sharfstein JM, North M, Serwint JR. Over the counter but no longer under the radar-pediatric cough and cold medications. N Engl J Med 2007; 357:2321.

23. Gadomski A, Horton L. The need for rational therapeutics in the use of cough and cold medicine in infants. Pediatrics 1992; 89:774.

• 독감은 독해

1. http://www.cdc.go.kr

2. Dobson J, Whitley RJ, Pocock S, Monto AS. Oseltamivir treatment for influenza in adults: a meta-analysis of randomised controlled trials. Lancet 2015; 385:1729.

3. Jefferson T, Demicheli V, Rivetti D, et al. Antivirals for influenza in healthy adults: systematic review. Lancet 2006; 367:303.

4. Treanor JJ, Hayden FG, Vrooman PS, et al. Efficacy and safety of the oral neuraminidase inhibitor oseltamivir in treating acute influenza: a randomized controlled trial. US Oral Neuraminidase Study Group. JAMA 2000; 283:1016.

5. Kaiser L, Wat C, Mills T, et al. Impact of oseltamivir treatment on influenza-related lower respiratory tract complications and hospitalizations. Arch Intern Med 2003; 163:1667.

6. Hernán MA, Lipsitch M. Oseltamivir and risk of lower respiratory tract complications in patients with flu symptoms: a meta-analysis of eleven randomized clinical trials. Clin Infect Dis 2011; 53:277.

7. Poehling KA, Edwards KM, Weinberg GA, et al. The underrecognized burden of influenza in young children. N Engl J Med 2006; 355:31.

8. Finelli L, Fiore A, Dhara R, et al. Influenza-associated pediatric mortality in the United States: increase of Staphylococcus aureus coinfection. Pediatrics 2008; 122:805.

9. Dawood FS, Chaves SS, Pérez A, et al. Complications and associated bacterial coinfections among children hospitalized with seasonal or pandemic influenza, United States, 2003-2010. J Infect Dis 2014; 209:686.

10. Dolin R. Influenza. In: Harrison's Principles of Internal Medicine, 17, Braunwald E, Fauci AS, Kasper DL, et al (Eds), McGraw Hill, New York 2008. p.1127.

11. Webster RG, Wright SM, Castrucci MR, et al. Influenza--a model of an emerging virus disease. Intervirology 1993; 35:16.

12. http://www.who.int/influenza/gisrs_laboratory/flunet/en/

13. Grohskopf LA, Sokolow LZ, Broder KR, et al. Prevention and Control of Seasonal Influenza with Vaccines. MMWR Recomm Rep 2016; 65:1.

14. COMMITTEE ON INFECTIOUS DISEASES. Recommendations for Prevention and Control of Influenza in Children, 2016-2017. Pediatrics 2016; 138.

15. Cowling BJ, Chan KH, Fang VJ, et al. Facemasks and hand hygiene to prevent influenza transmission in households: a cluster randomized trial. Ann Intern Med 2009; 151:437.

16. CDC Recommendations for the amount of time persons with influenza-like illness should be away from others www.cdc.gov/h1n1flu/guidance/exclusion.htm (Accessed on September 06, 2011).

• 열경련 당황 금지

1. Nelson KB, Ellenberg J.H. Prognosis in children with febrile seizures. Pediatrics 1978; 61:720.

2. Leaffer EB, Hinton VJ, Hesdorffer DC. Longitudinal assessment of skill development in children with first febrile seizure. Epilepsy Behav 2013, 2883.

3. Martinos MM. YoongM, Patil S. et al. Recognition memory is impaired in children after prolonged febrile seizures. Brain 2012. 1353153.

4. Verity CM, Greenwood R. Golding J. Long-term intellectual and behavioral outcomes of children with febrile convulsions. N Engld Med 1998:338:1723.

5. Nargaard M. Ehrenstein W. Mahon BE, et al. Febrile seizures and cognitive function in young adult life… a prevalence study in Danish conscripts. J Pediatr 2009; 155:404.

6. Nelson KB, Ellenberg J.H. Predictors of epilepsy in children who have experienced febrile seizures. NEnglJMed 1976, 295:1029.

7. Annegers JF. Hauser WA, Shirts SB, Kurland LT. Factors prognostic of unprovoked seizures after febrile convulsions. N Englj Med 1987:316:493.

8. Westergaard M. Pedersen CB, Sidenius Petal. The long-term risk of epilepsy after febrile seizures in susceptible subgroups. Am J Epidemiol2007. 165911.

9. Nelligan A, Bell GS GiavasiC, et al. Long-term risk of developing epilepsy after febrile seizures: aprospective Cohort study. Neurology 2012.78:1166.

10. Pavlidou E, Panteliadis C. Prognostic factors for subsequent epilepsy in children with febrile seizures. Epilepsia 2013. 54:2101.

11. Wilmshurst JM, Gaillard WD, Vinayan KPetal. Summary of recommendations for the management of infantile seizures. Task Force Report for the ILAE Commission of Pediatrics. Epilepsia 2015.56:1185.

12. Steering Committee on Quality Improvement and Management, Subcommittee on Febrile Seizures American Academy of Pediatrics. Febrile seizures: clinical practice guideline for the long-term management of the child with simple febrile seizures. Pediatrics 2008. 121:1281.

13. Berg AT, Shinnar S. Darefsky AS, et al. Predictors of recurrent febrile seizures. A prospective cohort study. Arch Pediatr Adolesc Med 1997: 151:371.

14. Offringa M, Bossuyt PM, Lubsen J, et al. Risk factors for seizure recurrence in children with febrile seizures: a pooled analysis of individualpatient data from five studies.JPediatr 1994, 124574.

15. Patient information: febrile seizures (beyond the basics).http://www.uptodate.com

16. Steering Committee on Quality Improvement and Management, Subcommittee on Febrile Seizures American Academy of Pediatrics. Febrile seizures: clinical practice guideline for the long-term management of the child with simple febrile seizures. Pediatrics 2008; 121:1281.

17. Offringa M, Newton R, Cozijnsen MA, Nevitt SJ. Prophylactic drug management for febrile seizures in children. Cochrane Database Syst Rev 2017; 2:CD003031.

• 열 + 발진?

1. 《홍창의 소아과학》, 안효섭 · 신희영 엮음, 11판, 미래엔.

2. Cherry JD, Jahn CL. Hand, foot, and mouth syndrome. Report of six cases due to coxsackie virus, group A, type 16. Pediatrics 1966; 37:637.

3. Gao LD, Hu SX, Zhang H, et al. Correlation analysis of EV71 detection and case severity in hand, foot, and mouth disease in the Hunan Province of China. PLoS One 2014; 9:e100003.

4. Osterback R, Vuorinen T, Linna M, et al. Coxsackievirus A6 and hand, foot, and mouth disease, Finland. Emerg Infect Dis 2009; 15:1485.

5. Miller GD, Tindall JP. Hand-foot-and-mouth disease. JAMA 1968; 203:827.

6. ALSOP J, FLEWETT TH, FOSTER JR. "Hand-foot-and-mouth disease" in Birmingham in 1959. Br Med J 1960; 2:1708.

7. Froeschle JE, Nahmias AJ, Feorino PM, et al. Hand, foot, and mouth disease (Coxsackievirus A16) in Atlanta. Am J Dis Child 1967; 114:278.

8. Fields JP, Mihm MC Jr, Hellreich PD, Danoff SS. Hand, foot, and mouth disease. Arch Dermatol 1969; 99:243.

9. Lum LC, Wong KT, Lam SK, et al. Fatal enterovirus 71 encephalomyelitis. J Pediatr 1998; 133:795.

10. Chan KP, Goh KT, Chong CY, et al. Epidemic hand, foot and mouth disease caused by human enterovirus 71, Singapore. Emerg Infect Dis 2003; 9:78.

11. Ooi MH, Wong SC, Lewthwaite P, et al. Clinical features, diagnosis, and management of enterovirus 71. Lancet Neurol 2010; 9:1097.

12. Mathes EF, Oza V, Frieden IJ, et al. "Eczema coxsackium" and unusual cutaneous findings in an enterovirus outbreak. Pediatrics 2013; 132:e149.

13. Feder HM Jr, Bennett N, Modlin JF. Atypical hand, foot, and mouth disease: a vesiculobullous eruption caused by Coxsackie virus A6. Lancet Infect Dis 2014; 14:83.

14. Buttery VW, Kenyon C, Grunewald S, et al. Atypical Presentations of Hand, Foot, and Mouth Disease Caused by Coxsackievirus A6--Minnesota, 2014. MMWR Morb Mortal Wkly Rep 2015; 64:805.

15. Patient education: Hand, foot, and mouth disease (The Basics) available at http://www.uptodate.com

16. Wilbert H. Mason, measles, Nelson Textbook of Pediatrics, Chapter 246, 1542-1548.e1

17. Wilbert H. Mason, rubella,Nelson Textbook of Pediatrics, Chapter 247, 1548-1552.e1

18. Philip S. LaRussa, Mona Marin, varicella-zoster virus, Nelson Textbook of Pediatrics, Chapter 253, 1579-1586.e1

19. Moss WJ, Griffin DE. Measles. Lancet 2012; 379:153.

20. Perry RT, Halsey NA. The clinical significance of measles: a review. J Infect Dis 2004; 189 Suppl 1:S4.

21. Newburger JW, Takahashi M, Gerber MA, et al. Diagnosis, treatment, and long-term management of Kawasaki disease: a statement for health professionals from the Committee on Rheumatic Fever, Endocarditis and Kawasaki Disease, Council on Cardiovascular Disease in the Young, American Heart Association. Circulation 2004; 110:2747.

22. Heininger U, Seward JF. Varicella. Lancet 2006; 368:1365.

23. Gewitz MH, Baltimore RS, Tani LY, et al. Revision of the Jones Criteria for the diagnosis of acute rheumatic fever in the era of Doppler echocardiography: a scientific statement from the American Heart Association. Circulation 2015; 131:1806.

• 편도는 멋이 아니여~

1. Tonsil and adenoid anatomy.
   Available at : http://emedicine.medscape.com/article/1899367-overview#a1

2. Treatment and prevention of streptococcal tonsillopharyngitis. available at : http://www.uptodate.com

3. Little P, Stuart B, Hobbs FD, et al. Predictors of suppurative complications for acute sore throat in primary care: prospective clinical cohort study. BMJ 2013; 347:f6867.

4. Potter EV, Svartman M, Mohammed I, et al. Tropical acute rheumatic fever and associated streptococcal infections compared with concurrent acute glomerulonephritis. J Pediatr 1978; 92:325.

5. Catanzaro FJ, Stetson CA, Morris AJ, et al. The role of the streptococcus in the pathogenesis of rheumatic fever. Am J Med 1954; 17:749.

6. Ddenny FW, Wannamaker LW, Brink WR, et al. Prevention of rheumatic fever; treatment of the preceding streptococcic infection. J Am Med Assoc 1950; 143:151.

7. Dale JB, Beachey EH. Epitopes of streptococcal M proteins shared with cardiac myosin. J Exp Med 1985; 162:583.

8. Cunningham MW, McCormack JM, Fenderson PG, et al. Human and murine antibodies cross-reactive with streptococcal M protein and myosin recognize the sequence GLN-LYS-SER-LYS-GLN in M protein. J Immunol 1989; 143:2677.

9. Cunningham MW, McCormack JM, Talaber LR, et al. Human monoclonal antibodies reactive with antigens of the group A Streptococcus and human heart. J Immunol 1988; 141:2760.

10. Galvin JE, Hemric ME, Ward K, Cunningham MW. Cytotoxic mAb from rheumatic carditis recognizes heart valves and laminin. J Clin Invest 2000; 106:217.

11. Meira ZM, Goulart EM, Colosimo EA, Mota CC. Long term follow up of rheumatic fever and predictors of severe rheumatic valvar disease in Brazilian children and adolescents. Heart 2005; 91:1019.

12. BLAND EF, DUCKETT JONES T. Rheumatic fever and rheumatic heart disease; a twenty year report on 1000 patients followed since childhood. Circulation 1951; 4:836.

13. Wald ER, Green MD, Schwartz B, Barbadora K. A streptococcal score card revisited. Pediatr Emerg Care 1998; 14:109.

14. Bisno AL. Acute pharyngitis. N Engl J Med 2001; 344:205.

15. Schmitt BD. Sore throat (pharyngitis). In: Instructions for Pediatric Patients, WB Saunders, Philadelphia 1999. p.91.

16. American Academy of Family Physicians. Sore throat: Easing the pain of a sore throat. Available at:familydoctor.org/online/famdocen/home/common/infections/cold-flu/163.html (Accessed on October 29, 2007).

17. Medline Plus. Sore throat. Available at: www.nlm.nih.gov/medlineplus/sorethroat.html (Accessed on January 06, 2014).

• 귀귀귀

1. Kelly KE, Mohs DC. The external auditory canal. Anatomy and physiology. Otolaryngol Clin North Am 1996; 29:725.

2. LITTON WB. Epithelial migration over tympanic membrane and external canal. Arch Otolaryngol 1963; 77:254.

3. Roland PS, Smith TL, Schwartz SR, et al. Clinical practice guideline: cerumen impaction. Otolaryngol Head Neck Surg 2008; 139:S1.

4. Lum CL, Jeyanthi S, Prepageran N, et al. Antibacterial and antifungal properties of human cerumen. J Laryngol Otol 2009; 123:375.

5. Osguthorpe JD, Nielsen DR. Otitis externa: Review and clinical update. Am Fam Physician 2006; 74:1510.

6. Mitka M. Cerumen removal guidelines wax practical. JAMA 2008; 300:1506.

7. Lieberthal AS, Carroll AE, Chonmaitree T, et al. The diagnosis and management of acute otitis media. Pediatrics 2013; 131:e964.

8. Shaikh N, Hoberman A, Rockette HE, Kurs-Lasky M. Development of an algorithm for the diagnosis of otitis media. Acad Pediatr 2012; 12:214.

9. Ruohola A, Meurman O, Nikkari S, et al. Microbiology of acute otitis media in children with tympanostomy tubes: prevalences of bacteria and viruses. Clin Infect Dis 2006; 43:1417.

10. Kaur R, Adlowitz DG, Casey JR, et al. Simultaneous assay for four bacterial species including Alloiococcus otitidis using multiplex-PCR in children with culture negative acute otitis media. Pediatr Infect Dis J 2010; 29:741.

11. Venekamp RP, Sanders SL, Glasziou PP, et al. Antibiotics for acute otitis media in children. Cochrane Database Syst Rev 2015; 6:CD000219.

12. Takata GS, Chan LS, Shekelle P, et al. Evidence assessment of management of acute otitis media: I. The role of antibiotics in treatment of uncomplicated acute otitis media. Pediatrics 2001; 108:239.

13. Glasziou PP, Del Mar CB, Sanders SL, Hayem M. Antibiotics for acute otitis media in children. Cochrane Database Syst Rev 2004; :CD000219.

14. Rosenfeld RM, Vertrees JE, Carr J, et al. Clinical efficacy of antimicrobial drugs for acute otitis media: metaanalysis of 5400 children from thirty-three randomized trials. J Pediatr 1994; 124:355.

15. Coker TR, Chan LS, Newberry SJ, et al. Diagnosis, microbial epidemiology, and antibiotic treatment of acute otitis media in children: a systematic review. JAMA 2010; 304:2161.

16. Broides A, Bereza O, Lavi-Givon N, Fruchtman Y, Gazala E, Leibovitz E. Parental acceptability of the watchful waiting approach in pediatric acute otitis media. World J Clin Pediatr. 2016 May 8;5(2):198-205. doi: 10.5409/wjcp.v5.i2.198. eCollection 2016.

17. Spiro DM, Tay KY, Arnold DH, Dziura JD, Baker MD, Shapiro ED. Wait-and-see prescription for the treatment of acute otitis media: a randomized controlled trial. JAMA. 2006;296:1235–1241.

18. Rosenfeld RM, Kay D. Natural history of untreated otitis media. Laryngoscope 2003; 113:1645.

19. American Academy of Family Physicians, American Academy of Otolaryngology-Head and Neck Surgery, American Academy of Pediatrics Subcommittee on Otitis Media With Effusion. Otitis media with effusion. Pediatrics 2004; 113:1412.

• 모세기관지염 어떡하죠?

1. Stark JM, Busse WW. Respiratory virus infection and airway hyperreactivity in children. Pediatr Allergy Immunol 1991; 2:95.

2. Rakes GP, Arruda E, Ingram JM, et al. Rhinovirus and respiratory syncytial virus in wheezing children requiring emergency care. IgE and eosinophil analyses. Am J Respir Crit Care Med 1999; 159:785.

3. Scottish Intercollegiate Guidelines Network. Bronchiolitis in children. A national clinical guideline. 2006. www.sign.ac.uk/pdf/sign91.pdf (Accessed on August 25, 2015).

4. Bronchiolitis Guideline Team, Cincinnati Children's Hospital Medical Center. Bronchiolitis pediatric evidence-based care guidelines, 2010. www.cincinnatichildrens.org/service/j/anderson-center/evidence-based-care/recommendations/topic/ (Accessed on February 24, 2015).

5. Tapiainen T, Aittoniemi J, Immonen J, et al. Finnish guidelines for the treatment of laryngitis, wheezing bronchitis and bronchiolitis in children. Acta Paediatr 2016; 105:44.

6. Hartling L, Bialy LM, Vandermeer B, et al. Epinephrine for bronchiolitis. Cochrane Database Syst Rev 2011; :CD003123.

7. Skjerven HO, Hunderi JO, Brügmann-Pieper SK, et al. Racemic adrenaline and inhalation strategies in acute bronchiolitis. N Engl J Med 2013; 368:2286.

8. Gadomski AM, Scribani MB. Bronchodilators for bronchiolitis. Cochrane Database Syst Rev 2014; :CD001266.

9. Mansbach JM, Clark S, Teach SJ, et al. Children Hospitalized with Rhinovirus Bronchiolitis Have Asthma-Like Characteristics. J Pediatr 2016; 172:202.

10. Ralston SL, Lieberthal AS, Meissner HC, et al. Clinical practice guideline: the diagnosis, management, and prevention of bronchiolitis. Pediatrics 2014; 134:e1474.

11. Quinonez RA, Garber MD, Schroeder AR, et al. Choosing wisely in pediatric hospital medicine: five opportunities for improved healthcare value. J Hosp Med 2013; 8:479.

12. Skjerven HO, Hunderi JO, Brügmann-Pieper SK, et al. Racemic adrenaline and inhalation strategies in acute bronchiolitis. N Engl J Med 2013; 368:2286.

13. Pinnington LL, Smith CM, Ellis RE, Morton RE. Feeding efficiency and respiratory integration in infants with acute viral bronchiolitis. J Pediatr 2000; 137:523.

14. Mussman GM, Parker MW, Statile A, et al. Suctioning and length of stay in infants hospitalized with bronchiolitis. JAMA Pediatr 2013; 167:414.

15. Ralston SL, Lieberthal AS, Meissner HC, et al. Clinical practice guideline: the diagnosis, management, and prevention of bronchiolitis. Pediatrics 2014; 134:e1474.

16. Hutchings FA, Hilliard TN, Davis PJ. Heated humidified high-flow nasal cannula therapy in children. Arch Dis Child 2015; 100:571.

17. Robert M. Kliegman MD, Bonita F. Stanton MD, Joseph W. St Geme MD, Nina F. Schor MD, PhD, Wheezing, Bronchiolitis, and Bronchitis, Nelson Textbook of Pediatrics, Chapter 391, 2044-2050.e1

• 쌕쌕쌕 천식일까?

1. Matheson MC, Dharmage SC, Abramson MJ, et al. Early-life risk factors and incidence of rhinitis: results from the European Community Respiratory Health Study--an international population-based cohort study. J Allergy Clin Immunol 2011; 128:816.

2. Frew AJ. Advances in environmental and occupational diseases 2003. J Allergy Clin Immunol 2004; 113:1161.

3. Saulyte J, Regueira C, Montes-Martínez A, et al. Active or passive exposure to tobacco smoking and allergic rhinitis, allergic dermatitis, and food allergy in adults and children: a systematic review and meta-analysis. PLoS Med 2014; 11:e1001611.

4. Wang YH, Yang CP, Ku MS, et al. Efficacy of nasal irrigation in the treatment of acute sinusitis in children. Int J Pediatr Otorhinolaryngol 2009; 73:1696.

5. Garavello W, Somigliana E, Acaia B, et al. Nasal lavage in pregnant women with seasonal allergic rhinitis: a randomized study. Int Arch Allergy Immunol 2010; 151:137.

6. Li H, Sha Q, Zuo K, et al. Nasal saline irrigation facilitates control of allergic rhinitis by topical steroid in children. ORL J Otorhinolaryngol Relat Spec 2009; 71:50.

7. Psaltis AJ, Foreman A, Wormald PJ, Schlosser RJ. Contamination of sinus irrigation devices: a

review of the evidence and clinical relevance. Am J Rhinol Allergy 2012; 26:201.

8. Andrew H. Liu, Ronina A. Covar, Joseph D. Spahn, Scott H. Sicherer, Childhood asthma, Nelson Textbook of Pediatrics, Chapter 144, 1095-1115.e1

9. Weinmayr G, Weiland SK, Björkstén B, et al. Atopic sensitization and the international variation of asthma symptom prevalence in children. Am J Respir Crit Care Med 2007; 176:565.

10. Arbes SJ Jr, Gergen PJ, Vaughn B, Zeldin DC. Asthma cases attributable to atopy: results from the Third National Health and Nutrition Examination Survey. J Allergy Clin Immunol 2007; 120:1139.

11. Burrows B, Martinez FD, Halonen M, et al. Association of asthma with serum IgE levels and skin-test reactivity to allergens. N Engl J Med 1989; 320:271.

12. Sears MR, Burrows B, Flannery EM, et al. Relation between airway responsiveness and serum IgE in children with asthma and in apparently normal children. N Engl J Med 1991; 325:1067.

13. Van Eerdewegh P, Little RD, Dupuis J, et al. Association of the ADAM33 gene with asthma and bronchial hyperresponsiveness. Nature 2002; 418:426.

14. Moffatt MF, Gut IG, Demenais F, et al. A large-scale, consortium-based genomewide association study of asthma. N Engl J Med 2010; 363:1211.

15. Ober C, Hoffjan S. Asthma genetics 2006: the long and winding road to gene discovery. Genes Immun 2006; 7:95.

16. Bouzigon E, Corda E, Aschard H, et al. Effect of 17q21 variants and smoking exposure in early-onset asthma. N Engl J Med 2008; 359:1985.

17. Magnussen H, Jörres R, Nowak D. Effect of air pollution on the prevalence of asthma and allergy: lessons from the German reunification. Thorax 1993; 48:879.

18. Schildcrout JS, Sheppard L, Lumley T, et al. Ambient air pollution and asthma exacerbations in children: an eight-city analysis. Am J Epidemiol 2006; 164:505.

19. Modig L, Torén K, Janson C, et al. Vehicle exhaust outside the home and onset of asthma among adults. Eur Respir J 2009; 33:1261.

20. Belanger K, Gent JF, Triche EW, et al. Association of indoor nitrogen dioxide exposure with respiratory symptoms in children with asthma. Am J Respir Crit Care Med 2006; 173:297.

21. Thomsen SF, van der Sluis S, Stensballe LG, et al. Exploring the association between severe respiratory syncytial virus infection and asthma: a registry-based twin study. Am J Respir Crit Care Med 2009; 179:1091.

22. Kuehni CE, Spycher BD, Silverman M. Causal links between RSV infection and asthma: no clear answers to an old question. Am J Respir Crit Care Med 2009; 179:1079.

23. Kelly WJ, Hudson I, Phelan PD, et al. Childhood asthma in adult life: a further study at 28 years of age. Br Med J (Clin Res Ed) 1987; 294:1059.

24. Oswald H, Phelan PD, Lanigan A, et al. Outcome of childhood asthma in mid-adult life. BMJ 1994; 309:95.

25. Horak E, Lanigan A, Roberts M, et al. Longitudinal study of childhood wheezy bronchitis and asthma: outcome at age 42. BMJ 2003; 326:422.

26. Kerkhof M, Wijga AH, Brunekreef B, et al. Effects of pets on asthma development up to 8 years of age: the PIAMA study. Allergy 2009; 64:1202.

27. Carlsten C, Brauer M, Dimich-Ward H, et al. Combined exposure to dog and indoor pollution: incident asthma in a high-risk birth cohort. Eur Respir J 2011; 37:324.

28. Lynch SV, Wood RA, Boushey H, et al. Effects of early-life exposure to allergens and bacteria on recurrent wheeze and atopy in urban children. J Allergy Clin Immunol 2014; 134:593.

29. Noverr MC, Falkowski NR, McDonald RA, et al. Development of allergic airway disease in mice following antibiotic therapy and fungal microbiota increase: role of host genetics, antigen, and interleukin-13. Infect Immun 2005; 73:30.

30. Marra F, Lynd L, Coombes M, et al. Does antibiotic exposure during infancy lead to development of asthma?: a systematic review and metaanalysis. Chest 2006; 129:610.

31. Hoskin-Parr L, Teyhan A, Blocker A, Henderson AJ. Antibiotic exposure in the first two years of life and development of asthma and other allergic diseases by 7.5 yr: a dose-dependent relationship. Pediatr Allergy Immunol 2013; 24:762.

32. Örtqvist AK, Lundholm C, Kieler H, et al. Antibiotics in fetal and early life and subsequent childhood asthma: nationwide population based study with sibling analysis. BMJ 2014; 349:g6979.

33. Hanrahan JP, Tager IB, Segal MR, et al. The effect of maternal smoking during pregnancy on early infant lung function. Am Rev Respir Dis 1992; 145:1129.

34. Tager IB, Hanrahan JP, Tosteson TD, et al. Lung function, pre- and post-natal smoke exposure, and wheezing in the first year of life. Am Rev Respir Dis 1993; 147:811.

35. Tager IB. Passive smoking--bronchial responsiveness and atopy. Am Rev Respir Dis 1988; 138:507.

36. Ehrlich RI, Du Toit D, Jordaan E, et al. Risk factors for childhood asthma and wheezing. Importance of maternal and household smoking. Am J Respir Crit Care Med 1996; 154:681.

37. Devereux G, Seaton A. Diet as a risk factor for atopy and asthma. J Allergy Clin Immunol 2005; 115:1109.

38. McKeever TM, Britton J. Diet and asthma. Am J Respir Crit Care Med 2004; 170:725.

39. Lange NE, Rifas-Shiman SL, Camargo CA Jr, et al. Maternal dietary pattern during pregnancy is not associated with recurrent wheeze in children. J Allergy Clin Immunol 2010; 126:250.

40. Garcia-Marcos L, Castro-Rodriguez JA, Weinmayr G, et al. Influence of Mediterranean diet on asthma in children: a systematic review and meta-analysis. Pediatr Allergy Immunol 2013; 24:330.

41. Goksör E, Alm B, Pettersson R, et al. Early fish introduction and neonatal antibiotics affect the risk of asthma into school age. Pediatr Allergy Immunol 2013; 24:339.

• 비염엔 코 세수

1. Matheson MC, Dharmage SC, Abramson MJ, et al. Early-life risk factors and incidence of rhinitis: results from the European Community Respiratory Health Study--an international population-based cohort study. J Allergy Clin Immunol 2011; 128:816.

2. Frew AJ. Advances in environmental and occupational diseases 2003. J Allergy Clin Immunol 2004; 113:1161.

3. Saulyte J, Regueira C, Montes-Martínez A, et al. Active or passive exposure to tobacco smoking and allergic rhinitis, allergic dermatitis, and food allergy in adults and children: a systematic review and meta-analysis. PLoS Med 2014; 11:e1001611.

4. Wang YH, Yang CP, Ku MS, et al. Efficacy of nasal irrigation in the treatment of acute sinusitis in children. Int J Pediatr Otorhinolaryngol 2009; 73:1696.

5. Garavello W, Somigliana E, Acaia B, et al. Nasal lavage in pregnant women with seasonal allergic rhinitis: a randomized study. Int Arch Allergy Immunol 2010; 151:137.

6. Li H, Sha Q, Zuo K, et al. Nasal saline irrigation facilitates control of allergic rhinitis by topical steroid in children. ORL J Otorhinolaryngol Relat Spec 2009; 71:50.

7. Psaltis AJ, Foreman A, Wormald PJ, Schlosser RJ. Contamination of sinus irrigation devices: a review of the evidence and clinical relevance. Am J Rhinol Allergy 2012; 26:201.

• 건조하면 가려워요

1. Ellis C, Luger T, Abeck D, et al. International Consensus Conference on Atopic Dermatitis II (ICCAD ID: clinical update and current treatment strategies. Br. J Dermatol 2003; 148 Suppl 63:3.

2. Boccanfuso SM, Cosmet L. Volpe AR, Bensel A. Skin xerosis. Clinical report on the effect of a moisturizing soap bar. Cutis 1978; 21:703.

3. Abbas S, Goldberg JW, Massaro M. Personal cleanser technology and clinical performance. Dermatol Ther 2004; 17 Suppl 1:35.

4. Atopic dermatitis: patient information. http://www.uptodate.com

5. Foolad N, Brezinski EA, Chase EP, Armstrong AW. Effect of nutrient supplementation on atopic dermatitis in children: a systematic review of probiotics, prebiotics, formula, and fatty acids. JAMA Dermatol 2013; 149:350.

6. Panduru M, Panduru NM, Salavăstru CM, Tiplica GS. Probiotics and primary prevention of atopic dermatitis: a meta-analysis of randomized controlled studies. JEur Acad Dermatol Wenereol 2015; 29:232.

7. Zuccotti G, Meneghin F, Aceti A, et al. Probiotics for prevention of atopic diseases in infants: systematic review and meta-analysis. Allergy 2015; 70:1356.

8. Simpson EL Chalmers JR, Hanifin JM, et al. Emollient enhancement of the skin barrier from birth offers effective atopic dermatitis prevention. J Allergy Clin Immunol 2014; 134:818.

9. Horimukai K. Morita K. Narita M, et al. Application of moisturizer to neonates prevents development of atopic dermatitis. J Allergy Clin immunol 2014; 134:824.

10. Pruritus: patient information. http://www.uptodate.com

11. Grimalt R, Mengeaud V, Cambazard F, Study Investigators' Group. The steroid-sparing effect of an emolient therapy in infants with atopic dermatitis: a randomized controlled study. Dermatology 2007; 214:61.

12. Lodén M. The clinical benefit of moisturizers. JEur Acad Dermatol Venereol 2005; 19:672.

13. Draelos ZD. Active agents in common skin care products. Plast Reconstr Surg 2010; 125:719.

• 눈눈눈

1. Bilkhu PS, Wolffsohn JS, Naroo SA, et al. Effectiveness of nonpharmacologic treatments for acute seasonal allergic conjunctivitis. Ophthalmology 2014; 121:72.

2. Lindsley K, Nichols JJ, Dickersin K. Interventions for acute internal hordeolum. Cochrane Database Syst Rev 2010; :CD007742.

3. Lemp MA, Chacko B. Diagnosis and treatment of tear deficiencies. In: Duane's Clinical Ophthalmology, Tasman W, Jaeger EA (Eds), Lippincott-Raven, Philadelphia 1997. Vol 4.

4. Newell FW. The lacrimal apparatus. In: Ophthalmology: Principles and Concepts, 6th, CV Mosby, St. Louis 1986. p.254.

5. Kushner BJ. Congenital nasolacrimal system obstruction. Arch Ophthalmol 1982; 100:597.

6. Jureidini JN. Let children cry. Med J Aust. 2015 May 4;202(8):418.

• 상처는 촉촉하게

1. Rodeheaver G, Pettry D, Turnbull V, et al. Identification of the wound infection-potentiating factors in soil. Am J Surg 1974; 128:8.

2. Fernandez R, Griffiths R. Water for wound cleansing. Cochrane Database Syst Rev 2012; 2:CD003861.

3. Eaglstein WH. Experiences with biosynthetic dressings. J Am Acad Dermatol 1985; 12:434.

4. Svensjö T, Pomahac B, Yao F, et al. Accelerated healing of full-thickness skin wounds in a wet environment. Plast Reconstr Surg 2000; 106:602.

5. Vogt PM, Andree C, Breuing K, et al. Dry, moist, and wet skin wound repair. Ann Plast Surg

1995; 34:493.

6. Ovington LG. Hanging wet-to-dry dressings out to dry. Home Healthc Nurse 2001; 19:477.

• 부록 : 자연주의 육아를 위한 면역 이야기

1. Geo F Brooks, Karen C Carroll, Janet S Butel,et al. Jawetz, Melnick, Adelberg's MEDICAL MICROBIOLOGY 26th edition, Mc Graw Hill.

2. Kenneth Murphy, Casey Weaver , Janeway's Immunobiology, Ninth Edition. 2016. Garland Science.

3. 《인간은 왜 세균과 공존해야 하는가》, 마틴 블레이저 지음, 서자영 옮김, 처음북스.

4. 《만화항생제》, 박성진 지음, 군자출판사.

5. Shields MD, Bush A, Everard ML, et al. BTS guidelines: Recommendations for the assessment and management of cough in children. Thorax 2008; 63 Suppl 3:iii 1.

6. Knealy T, Arroll B. Antibiotics for the common cold and acute purulent rhinitis. Cochrane Database Syst Rev 2013; 6:CD000247.